畜禽繁育技术

丛 静 王 勇 黄剑东 ◎ 编

中国农业科学技术出版社

图书在版编目（CIP）数据

畜禽繁育技术／丛静，王勇，黄剑东编．－－北京：
中国农业科学技术出版社，2020.4
ISBN 978-7-5116-4640-8

Ⅰ．①畜…　Ⅱ．①丛…②王…③黄…　Ⅲ．①畜禽育
种　Ⅳ．①S813.2

中国版本图书馆CIP数据核字（2020）第037761号

责任编辑　闫庆健　王思文　马维玲
责任校对　李向荣
出 版 者　中国农业科学技术出版社
　　　　　北京市中关村南大街12号　邮编：100081
电　　话　（010）82106625（编辑室）（010）82109704（发行部）
传　　真　（010）82106625
网　　址　http://www.castp.cn
经 销 者　各地新华书店
印 刷 者　北京建宏印刷有限公司
开　　本　787 mm×1092 mm　1/16
印　　张　8.75
字　　数　133千字
版　　次　2020年4月第1版　　2020年4月第1次印刷
定　　价　48.00元

前 言

畜牧业是农业中的重要产业，从农业经济学的观点出发，畜牧业产值在农业总产值中所占比例的高低，可以反映一个国家或地区社会发展与经济发达的程度。科学研究表明，在影响畜牧业生产效率的各种因素中，畜禽品种或种群的遗传素质起主导作用，只有充分利用现有品种资源，培育出具有优良性状的品种、品系或种群，利用先进的繁殖手段才能在同样的饲养管理条件下，获得畜牧生产最大的产出和效益。因此，我们有必要全面系统学习和掌握畜禽繁殖与改良的基本知识与基本技能，为将来培育优良品种并使其发挥最大经济效益奠定理论基础。

畜禽繁育技术是用遗传学理论和相关学科的知识从遗传上改良动物，提高畜禽的繁殖性能，使其向人类所需的方向逐步发展的一项专业技术，也是合理开发、利用和保护动物资源的基本理论与技能。

本书结构新颖，内容精练，图文并茂，文字通俗易懂，将理论知识与实践操作融为一体。介绍了畜禽性状遗传的物质基础与基本规律、畜禽的选配技术、妊娠与分娩技术和繁殖调节与控制技术。本书作为一本研究畜禽繁育技术的专著，可为基层畜牧兽医人员、专业化畜禽育种场技术人员及畜禽养殖人员提供参考。

在编写过程中，我们提炼了多年研发的相关技术，吸纳了前人的科研成果，借鉴了国外先进做法，也总结了广大养殖者的生产经验，力求给广大养殖场提供一本看得懂、用得上、见效快的技术资料。但是由于编者的水平有限，错误之处在所难免，恳请广大读者提出宝贵意见和建议。

编者

2019 年 10 月

目　录

第一章 畜禽性状遗传基础

畜禽繁殖与改良工作的基础在于对畜禽遗传性状的分析和选择。而对性状进行分析和选择，不仅要从直接的表现进行分析，更要从它的内在特性和规律进行综合分析，并进一步充分认识其表达的规律，最后采用这些规律指导畜禽繁殖与改良生产实践活动。

第一节　性状遗传的物质基础

一、细胞的结构与遗传

细胞是构成生物体形态结构和生命活动的基本单位。虽然细胞在大小、形态结构上不同，但绝大多数细胞是由细胞核和细胞质构成的。细胞可以分为两大类：一类是原核细胞，另一类是真核细胞。原核细胞没有成形的细胞核，而真核细胞有成形的细胞核，并且外包被核膜，细胞核中有染色体，细胞质中有细胞器。真核细胞由细胞膜、细胞质和细胞核三部分构成（图 1-1）。

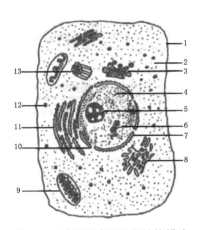

图 1-1　动物细胞亚显微结构模式

1—细胞膜；2—细胞质；3—高尔基体；4—核质；5—核仁；6—染色质；7—核膜；8—内质网；9—线粒体；10—核孔；11—内质网上的核糖体；12—游离的核糖体；13—中心体

（一）细胞膜

细胞膜是包在细胞质最外面的膜，又称质膜。细胞膜是由蛋白质分子和脂类分子构成的，细胞膜的球形蛋白质分子以不同程度镶嵌在两层脂质内或覆盖在两层脂质表面。

细胞膜有保持细胞形状的支架作用，有保护细胞免受外界侵害的功能，是细胞与外界环境联系的唯一途径。细胞膜表面有各种表面抗原，不同物种的细胞之间及同一物种的不同类型细胞之间的表面抗原均有差异，即表面抗原具有特异性。这种特异性是遗传的，它在遗传学上有很重要的意义。

（二）细胞质

细胞质是细胞核以外、细胞膜以内的全部物质系统，细胞质主要包括基质和细胞器。基质呈胶质状态，在基质中分布着线粒体、质体、内质网、核糖体、高尔基体、溶酶体、中心体等细胞器。

1. 线粒体

在光学显微镜下观察，线粒体呈粒状、线状。在电子显微镜下观察，线粒体是由双层膜构成的囊状结构，外膜平滑，内膜向内折叠形成嵴，两层膜之间有腔，线粒体中央是基质。基质内含有与三羧酸循环所需的全部酶类，内膜上具有呼吸链酶系及ATP酶复合体。线粒体是细胞内氧化磷酸化和形成ATP的主要场所，有细胞"动力工厂"之称。另外，线粒体有自身的DNA和遗传体系，但线粒体基因组的基因数量有限，线粒体表现为母系遗传，其突变率高于DNA，并且缺乏修复能力，是人们探索母系遗传的重要标记。

2. 内质网与核糖体

内质网是由管状、泡状、扁平囊状的膜结构连接而成的网状结构，广泛分布在基质中。内质网对细胞的生命活动有重要作用。核糖体是由蛋白质和核糖核酸（RNA）组成的小颗粒，附着在内质网上面，核糖体是细胞内将氨基酸合成蛋白质的主要场所，能把氨基酸互相连接成多肽，所以称它为蛋白质的"装配机器"。

3. 中心体

中心体由两个互相垂直排列的中心粒构成，分布于细胞核附近，接近于细胞的中心，所以叫中心体。它与细胞的有丝分裂有关。

另外，高尔基体与细胞内物质的分泌、储存、转运有关；溶酶体内含有 12 种以上的消化酶，在细胞内起消化作用，并能分解体内已损伤或老死的细胞器。

（三）细胞核和染色体

细胞核是由核膜、核质、核仁和染色质构成的。核膜包在细胞核外，是核与细胞质的分界膜，核膜上的微细小孔（核孔）是细胞核与细胞质进行物质交换的孔道；核质是透明胶体，充满整个细胞核，一般不易着色；核仁是一个形状不规则而致密结实的物体，没有外膜；核仁是细胞核里的一个重要结构，它与核糖体核糖核酸（rRNA）的形成及遗传有关，并且染色体所制造的一些物质，如核糖核酸，大都经过核仁的加工后送到细胞质中；染色质是分布在细胞核中的一些易被碱性染料染成深色的物质，由 DNA、组蛋白、非组蛋白及少量 RNA 组成。在细胞分裂间期，染色体以染色质状态存在；在细胞分裂期，染色质浓缩为光学显微镜下可见的染色体；在细胞分裂末期，又恢复到染色质形态。

1. 染色体的化学组成

据化学分析，染色体是核酸和蛋白质的复合物。其中，核酸可分为脱氧核糖核酸（DNA）和核糖核酸（RNA），蛋白质可分为组蛋白质和非组蛋白质。此外，染色体中还有少量的无机物等。在高等动物中，DNA 主要存在于核内染色体上，并与蛋白质结合在一起，仅有少量在细胞质、线粒体等细胞器中。RNA 在细胞核和细胞质上都有。

2. 染色体的形态和结构

染色体一般呈棒形，它与着丝点（不易着色）相连（图 1-2）。1 条染色体只有 1 个固定的着丝点。根据着丝点位置的不同，一般把染色体分成 3 种形态（着丝点把染色体分成 2 个臂）。如果 2 个臂长度大致相等，则呈"V"形；如果着丝点不在正中，则呈"L"形；如果着丝点在染色体端部，则呈棒形。着丝点所在处往往缢缩变细，叫主缢痕。有的染色体还有另一个缢缩变细、染色较淡的地方，叫次缢痕。次缢痕位置也是固定的，它与主缢痕的区别是：次缢痕处不能弯曲，而主缢痕处能弯曲；不同染色体的次缢痕位置是恒定的，而主缢痕的位置如上所述是变化的。根据着丝点的位置和随体的有无，可鉴别特定的染色体。

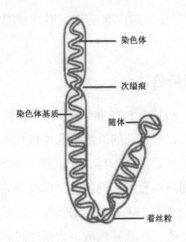

图1-2 染色体的形态结构

染色体外有表膜、内有基质，基质中有2条卷曲而又相互缠绕的染色体贯彻整个染色体。在染色丝上含有许多一定排列顺序易于着色的颗粒，叫染色粒。

染色体在电子显微镜下观察呈现一个反复折叠、高度螺旋化的DNA蛋白质结构。在染色体结构上流行的理论是"绳珠模型"。也就是说，染色体好像一条项链，由双螺旋的"绳子"（DNA）有规则地缠绕在一串"圆珠"（蛋白质）外面，外观好像一个螺旋管。其中，这些圆珠叫核体。通常把纤丝的核体叫染色体的一级结构，把螺旋管叫二级结构，螺旋管进一步螺旋化形成的超螺旋化圆筒叫三级结构，超螺旋管高度折叠和螺旋化就形成了染色体的四级结构。

3.染色体的数目和组型

各种生物的染色体不仅形态结构是相对稳定的，而且数目是恒定的，并且每一物种生物个体中每一体细胞中染色体数目也是相同的，它们在体细胞中是成对的，1条来自父方，1条来自母方，这样的两条染色体称为同源染色体。1对染色体与另1对形态结构不同的染色体，则互称为"非同源染色体"或"异源染色体"。体细胞里的染色体有常染色体和区分性别的性染色体，性染色体只有1对。性染色体与动物性细胞染色体数和性别有关。在家畜中，雄性体细胞中的1对性染色体形状大小不同，记为"XY"。雌性体细胞中的1对性染色体形状大小相同，记为"XX"。而在家禽中，雄性体细胞的 1 对性染色体相同，雌性的则不同，为了与家畜相区别，雄性的记为"ZZ"，雌性的记为"ZW"。

在大多数生物的体细胞中，染色体是成对存在的，通常以 2n 表示体细胞的染色体数目，称为二倍体；用 n 表示性细胞的染色体数目，称为单倍体。例如，人类的染色体有 23 对（2n = 46），其中 22 对为常染色体，剩余 1 对为性染色体。常见动物体细胞中染色体数目如表 1-1 所示。

表 1-1　常见畜禽体细胞染色体数

动物名称	染色体数（2n）	动物名称	染色体数（2n）
猪	38	兔	44
水牛	48	狗	78
牛	60	猫	38
牦牛	60	鸡	78
山羊	60	鸭	80
绵羊	54	鹅	82
马	64	火鸡	82
驴	62		

将处在有丝分裂中期的全部染色体，按同源染色体的长度、着丝点的位置及随体的有无，依次进行排列并编号（性染色体位于最后），称为染色体组型或核型，如牛的核型（图 1-3）记为 ♂：60，XY；♀：60，XX。各种家畜都有其特定的染色体组型，因此染色体组型是区别物种特征的重要依据。

1 2 3 4 5 6 7 8 9 10 11 12 13 14 15 16 17 18 19 20 21 22 23 24 25 26 27 28 29 XY

1 2 3 4 5 6 7 8 9 10 11 12 13 14 15 16 17 18 19 20 21 22 23 24 25 26 27 28 29 XY

图 1-3　牛的染色体组型（性染色体列于最后）

采用染色体分带技术，对某个体的染色体组型进行检查，观察各对染色体是否有异常现象，叫作染色体组型分析。利用染色体组型分析，可以找出变异原因。例如，可以甄别个体由于染色体畸形造成的遗传性疾病，并及时淘汰。

4.染色体是遗传物质的主要载体

生物的子代与亲代相似，主要是由于亲本通过性细胞的染色体把遗传物质传给子代。子代性状与亲代性状的差异，也是由于双亲遗传物质的结合发育形成的。现代遗传学证明，核酸是遗传物质，核酸分子中存储着控制生物发育的遗传信息，这种遗传信息可决定性状的形成。除少数不含DNA的生物以RNA为遗传物质外，绝大多数具有细胞结构的生物都以DNA为遗传物质。染色体由DNA和蛋白质组成，所以遗传物质主要存在于染色体上。

二、细胞分裂

精、卵细胞结合成一个细胞（受精卵）至发育成一个成熟的个体的过程中，机体内的细胞要不断地更新，即原有细胞不断衰老、死亡，新细胞不断产生、成长，这些都是通过细胞增殖来实现的。细胞有多种增殖方式，产生体细胞的过程为有丝分裂，产生性细胞的过程为减数分裂。

通常，将细胞从一次分裂结束到下次分裂结束之间的期限称为细胞增殖周期或细胞周期，可以分为间期（分为G_1期、S期、G_2期）和分裂期（M期）两个阶段。

（一）间期

细胞从一次分裂结束到下一次分裂开始之间的期限称为细胞间期或生长期，根据DNA的复制情况可以分为3个时期：复制前期（G_1期）、复制期（S期）和复制后期（G_2期）。

G_1期：细胞体积增大，RNA、结构蛋白质和细胞所需要的酶类合成，为S期做准备。

S期：DNA在此时期进行生物合成，共分为两个阶段，即首先在常染色质中复制，然后在异染色质中复制。

G_2期：RNA、微管蛋白质及其他物质的合成，为细胞分裂做准备。

这3个时期的长短因物种不同差异很大，其中G_1期差异最大，而S期和G_2期相对差异较小。

（二）分裂期

细胞分裂的方式可以分为无丝分裂、有丝分裂和减数分裂 3 种，但是它们的分裂过程并不相同。

1. 无丝分裂

无丝分裂的分裂方式简单，细胞体积增大，细胞核延伸和细胞质同时缢裂成 2 部分，形成 2 个子细胞。

2. 有丝分裂

有丝分裂是细胞的主要分裂方式，包括两个过程：一是核分裂，二是质分裂（细胞分裂）。依据细胞内物质形态变化特征分为前、中、后、末 4 个时期 (图 1-4)。

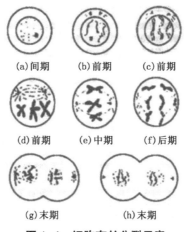

(a) 间期　　　(b) 前期　　　(c) 前期

(d) 前期　　　(e) 中期　　　(f) 后期

(g) 末期　　　　　　(h) 末期

图 1-4　细胞有丝分裂示意

（1）前期。细胞核膨大，染色质高度螺旋化，形成由着丝粒相连的 2 条染色单体，中心体的 2 个中心粒分开，并向细胞两极移动，2 个中心粒之间出现纺锤丝，形成纺锤体。同时，核仁逐渐变小消失，核膜逐渐溶解破裂。

（2）中期。核仁和核膜完全消失。染色体有规律地排列在细胞中央的赤道面上，形成赤道板。此期染色体聚缩到最短、最粗，是染色体组型分析的最佳时期。

（3）后期。染色体的着丝粒分裂为 2 个着丝点，使 2 条染色单体成为各具 1 个着丝点的独立的子染色体，并由纺锤丝的牵引分别移向细胞两极的中心粒附近，形成数目相等的两组染色体。同时，在赤道板部位的细胞膜收缩，细胞质开始分裂。

（4）末期。分裂后的两组染色体分别聚集到细胞的两极，染色体解旋伸展变细恢复为染色质，纺锤丝消失，核膜、核仁重新出现，细胞质发生分裂，在纺锤体的赤道板区域形成细胞板，形成2个子细胞，又恢复为分裂前的间期状态。

3. 减数分裂

动物达到一定年龄后，睾丸的精原细胞（卵巢的卵原细胞）先以有丝分裂方式进行若干代增殖，产生大量的精原细胞（卵原细胞），这一段时间为繁殖期。最后一代的精原细胞（卵原细胞）不再进行有丝分裂，而进入生长期（此处生长期不同于细胞周期中的生长期，而是指性细胞形成过程的一个阶段），细胞质增加，细胞体积增大。经过生长期后，精原细胞（卵原细胞）称作初级精母细胞（初级卵母细胞），并开始进行减数分裂。

减数分裂包括连续的两次分裂，分别叫作减数第一次分裂（用Ⅰ表示）和减数第二次分裂（用Ⅱ表示）在两次分裂中，也各分为前、中、后、末4个时期（图1-5）。

图1-5 减数分裂示意

（1）减数第一次分裂（Ⅰ）

①前期Ⅰ。前期Ⅰ是染色体变化较为复杂的时期，又分为细线期、偶线期、粗线期、双线期和终变期5个时期。

a.细线期：染色质丝细长如线，分散在整个核内，虽已经过复制，每1条染色体含有2条染色单体，但此期的染色体一般看不出双重性。

b.偶线期：同源染色体彼此靠拢配对，称为联会。配对时，同源染色体相互接触的染色体粒在大小、形状上相同。

c.粗线期：联会的染色体对缩短、变粗。每个染色体的着丝粒还未分裂，故2条染色单体还连在一起。配对的同源染色体叫二价体，每条二价体含有4个染色单体，所以又称为四分体。

d.双线期：染色体继续变短、变粗，周围出现基质，组成二价体的2条同源染色体开始分开，但非姐妹染色单体之间仍有一个或几个交叉在着丝粒的两侧向染色体臂的端部移行，称为交叉端化。

e.终变期：染色体收缩和螺旋化到最粗、最短，是鉴定染色体数目的最佳时期。交叉渐渐接近非姐妹染色单体的末端，核仁和核膜开始消失，二价体向赤道板移动，纺锤体开始形成。

②中期Ⅰ。核仁、核膜消失，联会同源染色体的2个着丝粒由纺锤丝牵引排列在赤道板上，随着丝粒逐渐远离，同源染色体开始分开，但仍有交叉连接。但交叉的数目已经减少，并接近染色体的端部。

③后期Ⅰ。同源染色体受纺锤丝牵引分别移向细胞的两极，每一极只有同源染色体中的1个，实现了染色体数目的减半（$2n \rightarrow n$），但每个染色体仍由1个着丝点连接2条染色单体组成。同源染色体向两极移动的随机性，增加了非同源染色体的组合方式，有n对染色体就有2^n个组合方式。

④末期Ⅰ。纺锤丝开始消失，核仁、核膜重新形成，接着细胞质分裂，成为2个子细胞，但着丝点仍未分裂，染色体数目实现了减半。哺乳动物形成2个次级精母细胞或1个次级卵母细胞和1个极体。

第一次分裂末期之后，经过很短的时间即进行第二次分裂。

（2）减数第二次分裂（Ⅱ）。

这一阶段各期的形态特征与一般有丝分裂基本相似。染色单体排列在赤道板上，着丝点分裂，姐妹染色单体分别向两极移动，最后形成2个新核，细胞质也随之分裂，形成2个子细胞（即2个精子或1个卵子和1个极体）。

因此，1个初级精母细胞经过2次连续分裂，可以形成4个精子；而1个初级卵母细胞经过2次连续分裂，可以形成1个卵子和3个极体。

三、遗传物质

生物个体的性状随个体生命的终止而结束，但从物种的繁衍来看，生命延续的实质就是遗传物质的传递。所以，遗传物质必须具有下列条件：一是高度的稳定性与可变性，二是能够存储并表达和传递遗传信息。此外，遗传物质必须具有自我复制的能力和以自己为模板控制其他物质新陈代谢的能力。

（一）核酸

通过试验分析，染色体主要由蛋白质、脱氧核糖核酸（DNA）和核糖核酸（RNA）组成，究竟哪一种物质是遗传物质呢？

针对上述疑问，生物学家做了大量的科学试验工作。1928年，格里菲斯（Griffith）对小家鼠进行了肺炎链球菌的感染试验，结果表明，灭活的S型菌中的某些转化因子能使非致病的R型菌转化成致病的S型菌，具有繁衍功能。1944年，艾弗里（Avery）等人证明了该转化因子是DNA，而非蛋白质。1952年，赫尔希（Hershey）和蔡斯（Chase）用放射性同位素^{35}S标记蛋白质做细菌病毒（即噬菌体）的侵染试验，也证明了遗传物质是DNA，而非蛋白质。但某些病毒如烟草花叶病毒，只含有蛋白质和RNA，它的遗传物质是什么呢？1956年，弗伦克尔·康拉特（Fraenkel Concat）进行烟草花叶病毒的感染试验，将烟草花叶病毒的RNA和蛋白质外壳分开，并分别感染烟草。结果表明，蛋白质不能使烟草形成病斑，而RNA可以使烟草形成病斑，而且病斑形状与完整的病毒所引起的病斑一样，证明烟草花叶病毒的遗传物质是RNA，而不是蛋白质。

通过以上试验可以确定，细胞内含有DNA，DNA是遗传物质，对于只含有RNA而不含DNA的一些病毒来说，RNA是遗传物质。

（二）DNA的结构

1953年，沃森（Watson）和克里克（Crick）通过X射线衍射法，研究和总结同时代其他研究者的研究成果，提出了DNA的双螺旋结构模型，大致如下。

DNA分子是1个右转的双螺旋结构，是由2条核苷酸链以互补配对原则所构成的双螺旋结构的分子化合物。每个核苷酸由1个五碳糖连接，或由1个或多个磷酸基团和1个含氮碱基所组成，不同的核苷酸再以"糖—磷酸—糖"的共价键形式连接形成DNA单链。2条DNA单链以互补配对形式（5'端对应3'端）形成DNA双螺旋结构。其中2条DNA链中对应的碱基A-T以双键形式连接，C-G以三键形式连接，"糖—磷酸—糖"形成的主链在螺旋外侧，配对的碱基在螺旋内侧。

在DNA分子中，每一碱基对受严格的配对规律限制，在空间中可能碱基对仅是A和T以及G和C，所以这2条链是互补的。但碱基的前后排列顺序是随机的，1个DNA分子所含的碱基通常不止几十万或几百万，4种碱基以无穷无尽的排列方式出现，规定了DNA的多样性。

（三）中心法则

生物的各种性状都与蛋白质有关。1个细胞可以含有几千种不同的蛋白质分子，不同的蛋白质各有一定成分和结构，执行不同的功能，从而引起一系列复杂的代谢变化，最后呈现出不同的形态特征和生理性状。然而，各种蛋白质都是在DNA控制下形成的，即以DNA为模板在细胞核内合成RNA，然后转移到细胞质中，在核糖体上控制蛋白质的合成。也就是说，DNA先把遗传信息传给RNA，然后再翻译为蛋白质，这就是分子生物学的中心法则（图1-6）。

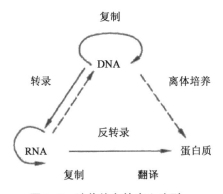

图1-6 遗传信息的中心法则

自1958年中心法则提出后，科学家又陆续发现，那些只含有RNA而不含DNA的病毒（植物病毒、噬菌体以及流感病毒），在感染宿主细胞后，RNA与宿主的核糖体结合，形成一种RNA复制酶，在这种酶的催化作用下，以RNA为模板复制出RNA。

近年来，科学家又发现了RNA病毒复制的另一种形式。路斯肿瘤病毒（RSV）是单链环状RNA病毒，存在反转录酶，侵染鸡的细胞后，它能以RNA为模板合成DNA（反转录），并整合到宿主染色体的一定位置上，成为DNA前病毒。

前病毒可与宿主染色体同时复制，并通过细胞有丝分裂传递给子细胞，成为肿瘤细胞。某些肿瘤细胞可以前病毒DNA为模板，合成前病毒RNA，并进入细胞质中合成病毒外壳蛋白质，最后病毒体释放出来，进行第二次侵染。

反转录酶的发现，不仅具有重要的理论意义，而且在肿瘤机理的研究以及在遗传工程方面（以这种酶合成基因）都有重要作用。

第二节 性状遗传的基本规律

分离定律、自由组合定律和连锁交换定律是遗传学的三大基本规律，是生物界普遍存在的遗传现象，是研究畜禽质量性状表达的基本规律。

一、分离定律

1. 一对相对性状杂交的遗传现象

遗传学上，把具有不同遗传性状的个体之间的交配称为杂交，所得到的后代叫作杂种。所谓性状指的是生物的形态或生理特征特性的总称，如颜色、性别等。同一性状的不同表现形式称为相对性状，如猪毛色的白毛和黑毛、耳型的平耳和立耳等。

孟德尔在种植的 34 个豌豆品种中，选择了 7 对性状（相对性状）明显不同的品种，分别进行了杂交试验。例如，把产圆形种子的植株与产皱缩种子的植株进行杂交（圆形、皱缩为相对性状，发现产圆形种子的植株不管是作为父本还是母本，子一代（F_1）杂种植株全都结出圆形种子。孟德尔将在杂交时两亲本的相对性状在子一代中表现出来的性状叫作显性性状，在子一代中不表现出来的性状叫作隐性性状。如上例，圆形对皱缩是显性性状，皱缩对圆形为隐性性状。

孟德尔种下了子一代杂种种子，待长成植株后使其自花授粉。在圆形种子和皱缩种子两种植株杂交的子二代（F_2）植株上结出的同一荚果内同时出现了圆形和皱缩两种种子，统计结果为：圆形种子有 5474 颗，皱缩种子有 1850 颗，这个比值非常接近 3：1 的数量关系。孟德尔把这种现象称为分离现象或性状分离。其他 6 对相对性状的遗传情况都与上例相似，即在 F_1 中出现显性现象，在 F_2 中出现分离现象，分离比都接近 3：1。试验结果如表 1-2 所示。

表 1-2 孟德尔豌豆 7 对相对性状杂交试验 F_2 结果

性状	显隐性关系		显性数目	隐性数目	显隐比例
	显性	隐性			
子叶颜色	黄	绿	6022	2001	3.01：1.00
豆粒形状	圆	皱	5474	1850	2.96：1.00
花的颜色	红	白	705	224	3.15：1.00
豆荚形状	饱满	瘪	882	299	2.95：1.00
豆荚颜色	绿	黄	428	152	2.82：1.00
花的部位	腋	顶	651	207	3.14：1.00
茎的长度	长	短	787	277	2.84：1.00

显性现象和分离现象在生物界是普遍存在的。在家畜、家禽中同样存在许多相对性状呈现显隐性关系，相对性状杂交，F_2 的性状分离比也是接近 3：1。

2. 分离定律

孟德尔对杂交试验结果作了圆满解释，称之为分离定律。

（1）遗传性状由相应的遗传因子所控制。遗传因子在体细胞中成对存在，1 个来自母本，1 个来自父本，称这对遗传因子为等位基因。

（2）体细胞内的遗传因子虽然在一起，但并不融合，各自保持独立性。在形成配子时成对的遗传因子彼此分离，所以配子只能得到其中的 1 个因子。

（3）由于杂种（F_1）产生的不同类型的配子数相等（1R、1r），并且各雌雄配子的结合是随机的，即有同等的机会，所以 F_2 中出现 1RR：2Rr：1rr，显隐性个体之比为 3：1。

（4）杂种子一代（F_1）和隐性纯合体亲本交配用以测定杂种或杂种后代的基因型称为测交，遗传学上常用此法测定个体的基因型。

现在我们已用"基因"代替了原来遗传因子的概念，把生物体的遗传组成叫作基因型。如圆形植株的基因型是 RR 或 Rr，皱缩植株的基因型是 rr。在基因型基础上表现出来的性状叫作表现型（或表型），1 个表型可能不止 1 种基因型，如上例 F_2 中的圆形性状就有 RR 和 Rr 两种基因型。前者叫作纯合体或纯合子，后者叫作杂合体或杂合子。在遗传学上把纯合体中 2 个基因都是隐性的叫作隐性纯合体（如 rr），把 2 个基因都是显性的叫作显性纯合体（如 RR）。

应该注意的是，表现隐性的个体，由于其基因型是同质纯合状态，所以能真实遗传，后代不出现性状分离；而表现显性的个体，由于其基因型有两种情况，一种是同型配子结合，另一种是异型配子结合，所以只有前一种情况能真实遗传，后一种情况的后代会产生分离现象。

3. 等位基因分离的细胞学基础

同源染色体对在减数分裂后期 I 发生分离，分别进入 2 个二分体细胞中，杂合体的性母细胞产生 2 个不同的二分体细胞，分别再进行减数第二次分裂，每个杂种性母细胞产生含显性基因和隐性基因的四分体细胞各 2 个，其比例为 1∶1。

4. 分离定律的本质

分离定律的本质是位于一对同源染色体上的一对等位基因所控制的一对相对性状的遗传规律。在减数分裂形成配子时，同源染色体及其负载的等位基因发生分离，从而引起后代的相关性状发生分离。

5. 分离规律的应用

分离规律在畜牧业中有广泛的指导意义，它在各种畜禽的育种工作中都有重要的作用。如可以明确相对性状间的显隐性关系，把具有遗传缺陷性状的隐性纯合体淘汰；采用测交的方法判断亲本的某种性状是纯合体或杂合体，检出并淘汰有遗传缺陷性状的杂合体。因此，在指导育种实践时，选种不能仅仅依据表型，要选纯合子，测交验证种子（畜）的纯度，连续近交，提纯种群，培育优良纯系，控制近交程度，固定优良性状，以免后代发生分离，达不到预期目标。育种时要淘汰隐性不良性状，如牛脑积水、牛系关节弯曲等。如果处于杂合状态，则这些不良性状不会表现，但会给育种工作带来隐患。

二、自由组合定律

孟德尔在进行了 1 对相对性状杂交试验提出分离定律后，进一步进行两对相对性状的杂交试验，得出了自由组合定律。

1. 两对相对性状的遗传试验

孟德尔用黄色圆形豌豆与绿色皱缩豌豆杂交，结果子一代全是黄色圆形豌豆。子一代自花授粉，得到子二代种子共 556 粒，结果子二代出现了4种表现型,其中有黄圆的315粒、黄皱的101粒、绿圆的108粒和绿皱的32粒,它们间的比例大体上是9:3:3:1。单独对每对相对性状进行分析,结果圆与皱的比例为3.18:1,黄与绿的比例为2.97:1,均接近于3:1。这表明一对相对性状的分离与另一对相对性状的分离无关,互不影响,两对相对性状还能重新组合产生新的组合类型。

在上述试验中,黄圆与绿皱是亲本原有性状的组合,叫亲本型;黄皱、绿圆是亲本原来没有的性状的组合,叫重组型。

在家畜、家禽中也有不少相似的现象。例如,用纯合体无角黑毛的安格斯牛与纯合体有角红毛的海福特牛两品种杂交时,F_1全为无角黑牛。若F_1自交,F_2分离为4种类型:无角黑毛、有角黑毛、无角红毛、有角红毛。这4种类型的头数比例为9:3:3:1。

2.基因的自由组合定律

孟德尔在分离定律的基础上提出了自由组合定律(或独立分配定律)。其基本要点是:两对或两对以上相对性状的基因在遗传过程中,一对基因与另一对基因的分离各自独立、互不影响。不同对基因之间的组合是完全自由的、随机的,雌雄配子在结合时也是自由的、随机的。

3.自由组合规律的实质

在减数分裂形成配子的过程中,凡是位于同源染色体上的等位基因彼此分离,位于非同源染色体上的、控制不同相对性状的等位基因随着同源染色体的分离和非同源染色体自由组合,在等位基因分离的基础上,非等位基因随机组合在一起进入不同的配子中,从而引起后代相关性状的分离与重组。

4.自由组合定律的应用

不同对基因自由组合产生的基因重组是生物发生变异的一个重要因素,也是生物界出现多样性的一个重要原因。在畜禽育种工作中,选择具有不同优良性状的品种或品系杂交,根据自由组合定律,杂交亲本可以自由组合,会出现符合要求的新类型。在杂交育种工作中,可按照人类的意愿组合2个亲本的优良特性,预测杂交后代中出现优良性状组合的大致比例,便于确定育种规模。

三、连锁与交换定律

生物体的基因数量众多，但染色体数目却是非常有限的，因此，同一条染色体上必然携带许多基因。在形成配子的过程中，遗传信息是以染色体为单位进行世代传递的。所以同染色体上不同等位基因控制的性状往往会同时出现，这称为连锁现象。

1. 基因连锁与交换遗传现象

在用纯合体的灰身长翅（BBVV）与纯合体的黑身残翅（bbvv）果蝇进行杂交试验时，F_1 全是灰身长翅。然后用 F_1 雄果蝇与双隐性雌果蝇测交，后代只有灰身长翅和黑身残翅 2 种类型，其数量各占 50%。这表明 F_1 形成的精子类型只有 BV 和 bv 两种。在这个例子中，B 和 V 连锁在 1 个染色体上，b 和 v 连锁在另 1 个染色体上。所以用纯合体灰长与纯合体黑残杂交，F_1 是灰长。当 F_1 与隐性亲本雌果蝇测交时，由于雄体只能产生两种配子（BV 和 bv），雌体只能产生 1 种配子（bv），所以测交后代只有灰长和黑残两种类型，且比例为 1∶1。这种在同 1 条染色体上的基因随着这条染色体作为一个整体共同传递到子代中去的遗传方式叫作完全连锁。在生物界中完全连锁的情况是很少见的，到目前为止只发现雄果蝇和雌家蚕表现完全连锁遗传现象。

在家鸡中，用纯合体白色卷羽鸡（IIFF）与纯合体有色常羽鸡（iiff）杂交，F_1 全是白色卷羽鸡，用 F_1 与有色常羽鸡测交，产生了 4 种类型的后代，其比例数不是 1∶1∶1∶1，而是亲本型大大超过重组型。这种连锁的非等位基因，在配子形成过程中发生了交换，从而出现不完全连锁的遗传现象。

2. 连锁与交换定律

位于同一条染色体上的非等位基因，在遗传过程中，如果随着该条染色体作为一个整体传递到子代中去，则表现为完全连锁遗传。位于同一条染色体上的非等位基因，在形成配子的减数分裂过程中，如果不表现为完全连锁遗传，非姐妹染色单体之间发生了基因交换，则 F_1 不仅产生亲本型配子，也产生重组型配子，而且亲本型配子多于重组型配子。

多数情况下，并不是全部性母细胞在某 2 个基因座位之间发生交换，不发生交换的性母细胞所形成的配子都属于亲本组合。当有 40% 的性母细胞发生交换时，重组配子占总配子数的 20%，刚好是发生交换的性母细胞的百分数的一半。

通常用交换率（互换率）来说明重组合的比率。所谓交换率就是重组合数占测交后代总数的百分比，其变动范围为 0 ～ 50%。在一定条件下，同种生物同一性状的连锁基因的互换率是恒定的。在同 1 对染色体上，互换率的高低与基因在染色体上的相对距离有关，2 对基因相距越近，交换率越低；相距越远，交换率越高。

3.连锁交换定律的应用

基因的连锁使某些性状间产生相关性，可以根据一个性状来推断另一个性状。在育种工作中，根据各性状间是否连锁、连锁强度的大小等，来制订适当的选种方法，也可以进行早期选择，提高杂交育种的效果。

根据基因连锁规律确定连锁群和基因定位，对育种工作有很大的指导意义。

四、性别决定与伴性遗传

动物类型不同，性别决定的方式也往往不同。高等动物是雌雄异体，性别的差异不仅反映在性征上，也反映在生产力上，如牛的泌乳性能、母禽的产蛋性能等，同时在生长速度和劳役效率等方面也存在差异。因此，动物生产中应重视性别问题。由于雌雄个体的比数接近 1：1，保持生物繁殖现象的平衡，类似孟德尔的测交比数，即一性别是纯合体，另一性别是杂合体，说明性别与染色体及染色体上的基因有关。

（一）性别决定

1.性染色体决定性别

在性染色体组型中，有 1 对特殊的性染色体，是决定动物性别的基础。通常，决定动物性别的性染色体构型可分 XY、ZW、XO、ZO4 种类型。

（1）XY 型。雌性的性染色体是由 1 对等长的染色体组成，用 XX 表示；雄性只有 1 条 X 染色体，另 1 条是比 X 小且形态也有些不同的 Y 染色体，所以雄性用 XY 表示。大多数脊椎动物，包括所有哺乳动物（如牛、马、猪、羊、兔等）、部分鱼类、两栖类以及多数昆虫的性染色体属于此种类型。

（2）ZW 型。这种构型与 XY 型相反，雄性为同配性别，产生 1 种配子，用 ZZ 表示；雌性为异配性别，产生 2 种配子，用 ZW 表示。所有的鸟类（如家禽）、部分爬行类、家蚕和鳞翅目昆虫均为此种类型。

（3）XO 型。这一类型决定的性染色体构型，雌的为 XX 型，雄的为 XO 型，即缺乏 Y 染色体。部分昆虫（如蝗虫、虱子和蜚蠊）属于 XO 型。

（4）ZO 型。这一类型决定的性染色体构型，雄的有 2 条 ZZ 染色体，而雌的只有 1 条 Z 染色体。

2. 性别发育与环境

（1）营养与性别。蜜蜂分蜂王、工蜂和雄蜂 3 种。蜂王和工蜂是由受精卵发育成的，它们的染色体组是相同的（$2n = 32$）；雄蜂（$n = 16$）是由未受精卵发育成的。受精卵可以发育成正常的雌蜂（蜂王），也可以发育成不育的雌蜂（工蜂），这取决于营养条件对它们的影响。

（2）温度与性别。蛙的性染色体构型为 XY 型。幼体蝌蚪在 20℃条件下发育的后代雌雄比为 1∶1；而在 30℃条件下全部发育为雄性，它们的染色体构型未发生改变，只是环境（温度）改变的表现型。

（3）生物学特性与性别。海洋生物后缢的蠕虫性别发育很特别，幼虫无性别，若自由生活则发育成雌性；若幼虫落在雌体吻部，则定向发育成雄性。但是，将发育未完全的幼虫从雌体吻部移出，则发育成中间性。这是由于雌虫的吻部有一种类似激素的化学物质，影响幼虫的性别分化。

（4）性反转现象。许多动物在胚胎时期形成雌、雄两种生殖腺。如果胚胎发育成雌性，则雌性生殖腺分泌雌性激素维持雌性性腺发育，同时抑制雄性性腺发育；反之，如果胚胎发育成雄性，则雄性生殖腺分泌雄性激素维持雄性性腺发育，同时抑制雌性性腺发育。

通常，母鸡依靠左侧卵巢（右侧卵巢在胚胎期退化）维持第二性征，如果发生病变而丧失排卵和分泌激素的机能，那么左侧退化成痕迹的性腺具有向两性发育的可能，如发育成精巢，形成雄性，从而改变性别，而且能够正常配种。

（5）自由马丁现象。高等动物的两性结构同时存在，个体性别的分化取决于有无 Y 染色体上的睾丸决定基因、雄性激素及其受体，即性腺分泌的性激素对性别分化的影响十分明显。

在双生牛犊中，如果一公一母，那么公犊发育为有生育能力的公牛，而母犊不能生育，称雄性中性犊。这种牛长大后不发情，卵巢退化，子宫和外生殖器官都发育不全，外形有雄性表现，称为自由马丁。这种双生犊虽然是不同性别受精卵发育而成的，但是由于胎盘的绒毛膜血管互相融合，胎儿有共同的血液循环，而睾丸比卵巢先发育，睾丸激素比卵巢激素先进入血液循环，抑制雌性犊牛的卵巢进一步发育，最后形成中间性。在多胎动物中，如猪、绵羊、兔等雌雄同胎，由于胎盘不融合或有融合但血管彼此不吻合，故不发生中间性现象。

3.性别畸形

（1）雌雄嵌合体。同时存在雌、雄两种性状的个体称为雌雄嵌合体，原因是雌性结合子第一次有丝分裂时发生不规则分裂，生成 XO 型（丢失1个 X 染色体）和 XX 型（正常）2个子细胞，前者发育成雄性系统，后者发育成雌性系统，从而形成雌雄嵌合体

（2）中间性山羊。山羊性情粗暴，公羊有角易伤人，所以饲养者有目的地选留无角山羊。而山羊角的性状受1对基因控制，是显性纯合疾病，无角雄性正常而雌性呈中间性；杂合体或者隐性合体雌雄均正常。所以，在山羊生产实践中，应该采用无角配有角而不能采用无角配无角的繁殖方式。

（3）人类的间性。人类有多种性染色体构型变异和常染色体突变造成的性畸形，列举如下。

①睾丸退化症（葛莱弗德氏病）：染色体组型为47XXY 或 48XXXY。患者外貌为男性，身材略高于普通男性，有女性化的乳房，智力一般较差，睾丸发育不全，不育。

②卵巢退化症（杜纳氏综合征）：染色体组型为45XO，外貌像女性，第二性征发育不全，身材矮于普通女性，有先天性心脏病。卵巢发育不全，无生殖细胞，原发性闭经，不育。

③多 X 女人：染色体组型为47XXX 或 48XXXX，为超雌个体，体型正常，有月经，能够生育，子代可能出现 XXY 综合征。

④多 Y 男人：染色体组型为 47XYY，外貌为男性，性情粗暴，身材高大，智力差。

（二）伴性遗传

伴性遗传指性染色体上的基因控制的性状，其遗传方式与性别有关，这种遗传方式称为伴性遗传。

伴性遗传主要应用在养鸡业，如鸡的羽色和羽数都是伴性遗传现象。利用伴性遗传的特点，可以进行公母雏早期识别，根据实际需要进行有目的地生产。

下面以芦花鸡为例，说明伴性遗传现象。芦花鸡的绒羽为黑色，头上有白色斑点，成羽有横斑，黑白相间。如用雌芦花鸡与雄的非芦花鸡交配，得到的子一代中，雄的都是芦花，雌的都是非芦花。这样就可以根据雏鸡的性状鉴别雌雄，在子一代中，如果绒羽黑色，头上有黄色斑点，则是雄的，其余的是雌的。其中，芦花基因 B 在 Z 染色体上，而且是显性。

由此可以看出，伴性遗传的遗传特点为：正反交结果不一致和隔代遗传；性状分离比数在两性间不一致；染色体异性隐性基因（ZW）也表现其作用，出现假显性。

第二章　畜禽的选配技术

选配是一种交配制度，它是根据育种目标和生产需要，有计划地选择合适的公母畜进行配种，有意识地组合后代的遗传基础，使后代得到遗传改进。虽然通过选种选出的都是优秀的种畜，但它们的后代不一定都是优秀的。所以，要想获得优良的后代，不仅要加强选种工作，而且必须做好选配工作，即有意识地组织优良的种用公母畜进行配种，才能达到预期的目标。

第一节　畜禽选配的实施

在畜牧生产中，优良的种畜不一定都能产生优良的后代，这是因为后代的优劣不仅取决于双亲的品质，而且还取决于它们配对是否适宜。因此，要想获得理想的后代，除做好选种工作外，还必须做好选配工作。选配就是有意识、有目的、有计划地组织公母畜的配对，以便定向组合后代的遗传基础，从而达到通过培育获得良种的目的。

一、选配的概念和作用

选配是对家畜的配对进行人为控制，从而使优秀的公母畜获得更多的交配机会，使优良基因更好地重组，进而促进畜群的改良和提高。具体来说，选配在家畜育种工作中的作用如下。

（一）能创造新的变异，为培育新的理想型创造条件

因为选配研究配对家畜间确有遗传关系，在任何情况下，交配双方的遗传基础是不可能完全相同的，而它们所生的仔畜则是父母双方遗传基础重新组合的结果，必然会产生新的变异。因此，为了某种育种目的而选择相应的公畜和母畜交配，就会产生所需要的变异，就可能创造出新的理想类型。这已为杂交育种的大量成果所证实。

（二）能稳定遗传性，固定理想性状

选择遗传性状相似的公母畜交配，其所生后代的遗传基础通常与其父母出入不大。因此在若干代中均连续选择性状特征相似的公母畜交配，则该性状的遗传基因逐代纯合，最后这些性状特征便被固定下来。这已被新品种或新品系培育的实践所证实。

（三）能控制变异的方向，并加强某种变异

当畜群中出现某种有益变异时，可以通过选种将具有该变异的优良公母畜选出，然后通过选配强化此变异。它们的后代不仅可能保持这种变异，而且还可能较其亲代更加明显和突出。如此，经过若干代的长期选种、选配和培育，则有益变异即可在畜群中更加突出，最终形成该畜群独具的特点。有些品种和品系就是这样培育出来的。

（四）控制近交

细致地做好选配工作，可使畜群防止被迫近交。即使近交，选配也可使近交系数的增量控制在较低水平。

二、选种和选配的关系

选种和选配都是畜禽改良和育种的重要环节，彼此之间既相互联系又相互促进。选种是选配的基础，不通过选种，就没有符合要求的优良种畜，也就无法进行选配。而选种的效果又必须通过合理的选配才能在后代中得到保持和提高。同时，选配所得的后代又为进一步选种提供更加丰富的材料。选种和选配是交替进行的，只有把选种和选配有机结合起来才能不断产生理想的畜禽个体。

由此可知，选配在家畜育种工作中是一项非常重要的措施，它与选种和培育同样是改良家畜种群和创造新种群的有力手段。

三、选配的种类

根据交配对象的不同，选配方式有个体选配和种群选配两种。在个体选配中，按品质不同，又分为同质选配和异质选配两种，按亲缘远近不同又分为近交和远交两种。在种群选配中，按种群特性不同可分为纯种繁育、杂交繁育和品系繁育3类。

（一）个体选配

以家畜个体为单位的选配方式，按其内容和范围来说，主要是考虑与配个体之间的品质和亲缘关系选配。

1.品质选配

品质选配也叫表型选配，是一种考虑双方品质（如体质、体型、生物学特性、生产性能、产品品质、遗传品质、数量性状的估计育种值等）异同的一种方法。品质选配分为同质选配和异质选配两种。

（1）同质选配。即选择性状相同、性能表现相似或育种值相似的优秀公母畜来配种，以期获得与亲代品质相似的优秀后代，使畜群中具有父母优良性状的个体数量不断增加。如高产牛配高产牛、超细毛羊配超细毛羊等。与配双方越相似，则越有可能将共同的优良品质遗传给后代。所谓与配家畜双方的同质性，可以是一个性状的同质，也可以是一些性状的同质，并且是相对的同质，完全同质的性状和家畜是没有的。

同质选配的遗传效应是促使基因纯合。同质选配的作用主要是使亲代的优良性状稳定地遗传给后代，使优良性状得以保持与巩固，使具有这种优良性状的个体在畜群中得以增加。

在育种实践当中，同质选配主要用于下列几种情况：①在育种实践中，为了保持种畜有价值的性状，增加群体中纯合基因型的频率，就可采用同质选配。②当杂交育种到了一定阶段，群体当中出现了理想类型，通过同质交配使其纯合固定下来并扩大其在群体中的数量。③为了巩固和发展某些性状，必须针对这些性状进行同质选配。如为了加大某一牛种的体格，在牛群中可以对体格高大的公、母牛同质选配，以得到更多的"体格高大"的个体，逐步在牛群中保持和发展这一性状。

同质选配的效果取决于：①基因型的判断准确与否。因为表现型好的优良个体，不一定都是纯合的，如果是杂合体，性状不能稳定遗传，后代性状就会发生分离，有时甚至还会出现不理想的后代。因此，如能准确判断基因型，根据纯合基因型选配，则会收到好的效果。②选配双方的同质程度，越同质者，则选配效果越好。③同质选配所持续的时间，连续继代进行，可加强其效果。

需要说明的是，长期使用同质选配也可能产生一些不良影响，如种群的变异性相对减小，由于有害基因也会出现纯合，导致后代适应性、生活力和生产水平等有所下降等。因此，在使用同质选配的同时，要加强选择和严格淘汰不良个体，改善饲养管理，才能达到理想效果。

（2）异质选配。异质选配就是表型不同的公母畜之间的选配。异质选配有两种情况：一种是选用具有不同优良性状的公母畜相配，以期获得兼有双亲不同优点的后代；另一种是选择相同性状但优劣程度不同的公母畜相配，即以优改劣，以期后代有较大的改进和提高。实践证明，这是一种可以用来改良许多性状的行之有效的选配方法。

异质选配的遗传效应，在前一种情况下是结合不同优良基因型于后代，丰富后代的遗传基础；在后一种情况下，则是增加致使某一性状良好表现的优良基因频率和基因型频率，并相应减少致使该性状不良表现的不良基因频率和基因型频率。异质选配的作用，在前一种情况下主要是结合双亲的优良性状，丰富后代的遗传基础，创造新类型，并增强后代体质结实性提高后代的适应性、生活力和繁殖力；在后一种情况下，则是改良不良性状并提高其水平。

在育种实践当中，异质选配主要用于下列几种情况：①以好改坏，以优改劣。如有些高产母畜，只在某一性状上表现不好，就可以选一头在所有性状上均表现好并在这个性状上特别优异的公畜与之交配，以便在后代中改进这一性状。②综合双亲的优良特性，提高下一代的适应性和生产性能。如选毛长的羊与毛密的羊相配、选产奶量高的牛与乳脂率高的牛相配。③丰富后代的遗传基础，并为创造新的遗传类型奠定基础。

但是必须指出，异质选配的效果往往是不一致的。有时由于基因的连锁和性状间的负相关等原因，而使双亲的优良性状不一定都能很好地结合在一起。为了保证异质选配的良好效果，必须严格选种，并考虑性状的遗传规律与遗传相关。

应该特别指出的是，异质选配与弥补选配不能混为一谈。所谓"弥补选配"是使有相反缺陷的公母畜交配，意图获得中间类型，如凹背的与凸背的相配、过度细致的与过度粗糙的相配等。实际上，这样交配并不能克服缺陷，相反，有时可能使后代的缺陷更加严重，甚至出现畸形后代。正确的方式应是凹背的母畜与背腰平直的公畜相配，过度细致的母畜与体质结实的公畜相配。

同质选配与异质选配是相对的。与配家畜之间，可能在某些方面是同质的，而在另一些方面是异质的；即使是相同的性状，其表现程度也存在差异。例如，有头母猪乳头多，但腹大背凹，选一头乳头多、背腰平直的公猪与之交配，以期获得乳头多、背腰比较平直的后代。这里，就乳头多这一性状而言是同质选配（如果乳头数相等，当然更是同质选配），就背膘而言，则是异质选配。因此，在实践中，同质选配与异质选配是不能截然分开的，并且只有将这两种方法密切配合、交替使用，才能不断提高和巩固整个畜群的品质。

2. 亲缘选配

亲缘选配即考虑交配双方亲缘关系远近的一种选配。如果交配双方到共同祖先的总代数在六代以内就叫近交；如果超过六代就叫非亲缘交配，也称远交。近交有利也有害，一般在商品生产场不宜采用近交，而在育种场为了某种育种目的，可采用近交。

（1）近交的遗传效应。①近交可以使个体基因纯合，群体产生分化。近交可以使后代群体中纯合基因型频率增加，增加程度与近交程度成正比。在个体基因纯合的同时，群体被分化成各具特点的纯合类型，所以可以利用近交固定优良性状。②近交会降低群体均值。数量性状的基因型值是由基因的加性效应值和非加性效应值组成的，非加性效应值主要存在于杂合体。近交使群体中杂合体减少，群体的非加性效应值也随之减少，受非加性效应值控制的性状，就会发生退化，因而降低群体均值。③近交可暴露有害基因。决定有害性状的基因大多为隐性基因，在非近交情况下不易显现。近交既可使优良基因纯合固定，也能使有害基因纯合固定，从而使隐性有害基因得到暴露。此时应及时将带有有害性状的个体淘汰，以降低群体中有害基因的频率。

（2）近交程度的分析。在育种工作中，衡量和表示近交程度的大小可通过个体近交系数、群体近交系数和亲缘系数等方法确定。其中近交程度最大的是父女、母子和全同胞交配，其次是半同胞、祖孙、叔侄、姑侄、堂兄妹、表兄妹之间的交配。

①个体近交系数计算法。近交程度分析，通常进行个体近交系数的计算，所谓近交系数，就是指通过近交使后代基因基本纯合的百分率。近交系数的计算公式如下：

$$F_X = \sum \left[\left(\frac{1}{2} \right)^{n_1+n_2+1} (1+F_A) \right]$$

式中，F_X 为个体 X 的近交系数；n_1 为一个亲本到共同祖先的世代数；n_2 为另一个亲本到共同祖先的世代数；F_A 为共同祖先本身的近交系数；$\sum$ 为个体 X 的父母所有共同祖先的全部计算值之和。

若共同祖先全为非近交个体时，则 $F_A = 0$，上述公式可简化为：

$$F_X = \sum \left(\frac{1}{2} \right)^{n_1+n_2+1}$$

不同近交类型所生子女的近交系数如表 2-1 所示。

表 2-1　各种近交类型所生子女的近交系数（当 $F_A = 0$ 时）

近交类型	$n_1 + n_2 + 1$	所生子女的近交系数 /%	近交程度
亲子	2	25	
全同胞	3,3	25	
半同胞	3	12.5	
祖孙	3	12.5	
叔侄	4,4	12.5	嫡亲
堂兄妹	5,5	6.25	
半叔侄	4	6.25	
曾祖孙	4	6.25	
半堂兄妹	5	3.125	
半堂叔侄	6	1.562	近亲
远堂兄妹	7	0.781	中亲

②畜群近交系数的计算。有时我们需要估计畜群的平均近交程度，此时可根据具体情况选用下列方法。

当畜群较小时，可先求出每个个体的近交系数，再计算其平均值。

当畜群很大时，则可用随机抽样的方法，抽取一定数量的家畜，逐个计算近交系数。然后，用样本平均数来代表畜群的平均近交系数。

对于长期不再引进种畜的闭锁畜群，其畜群近交系数可采用下列公式进行估计。当近交系数增量不变时，其公式为：

$$F_t = 1 - (1-\Delta F)^t$$

当每代近交系数增量有变化时，其公式为：

$$F_t = \Delta F + 1 - \left(1 - \Delta F\right) \times F_{t-1}$$

式中，F_t 为 t 世代时畜群近交系数；F_{t-1} 为 t-1 世代时畜群近交系数；t 为世代数；ΔF 为每进展一个世代的畜群近交系数增量。

当各家系随机留种时，则

$$\Delta F = \frac{1}{8N_S} + \frac{1}{8N_D}$$

式中，ΔF 表示畜群平均近交系数的每代增量；N_S 表示每代参加配种的公畜数；N_D 表示每代参加配种的母畜数。

③亲缘系数的计算。近交系数的大小取决于双亲间的亲缘程度，而亲缘程度则用亲缘系数 R_{SD} 表示。两者的区别在于近交系数是说明 X 本身是由什么程度近交产生的个体，而 R_{SD} 则说明 S 与 D 两个亲缘个体间的遗传上的相关程度，即具有相同等位基因的概率。

亲缘关系有两种：一种是直系亲属，即祖先与后代的关系；另一种是旁系亲属，即那些既不是祖先又不是后代的亲属关系。

直系亲属间的亲缘系数：在品系繁育中，需要计算个体与系祖间的亲缘系数，其公式为

$$R_{XA} = \sum \left(\frac{1}{2}\right)^N \sqrt{\frac{1 + F_A}{1 + F_X}}$$

式中，R_{XA} 为个体 X 与 A 之间的亲缘系数；N 为个体 X 到祖先 A 的世代数；F_A 为祖先 A 的近交系数；F_{AX} 为个体 X 的近交系数；$\sum$ 为个体 X 到祖先 A 的所有通路的计算值之总和。

旁系亲属间的亲缘系数：其计算公式为

$$R_{SD} = \frac{\sum \left[\left(\frac{1}{2}\right)^N \left(1 - F_A\right)\right]}{\sqrt{\left(1 + F_S\right)\left(1 + F_D\right)}}$$

式中，R_{SD} 表示个体 S 和 D 之间的亲缘系数；N 为个体 S 和 D 分别到

共同祖先代数之和，即等于 $n_1 + n_1$；F_S 为个体 S 的近交系数；F_D 为个体 D 的近交系数；F_A 为各共同祖先 A 的近交系数；$\sum$ 为个体 S 和 D 通过共同祖先 A 的所有通路计算值之总和。

如果个体 S、D 和祖先 A 都不是近交个体，则公式可简化为：

$$R_{SD} = \sum \left(\frac{1}{2}\right)^N$$

（3）近交的用途。近交既有不利的一面，也有其有利的一面。近交主要有下列几种用途。

①固定优良性状。近交使优良性状的基因型纯化，能使优良性状确实地遗传给后代，很少发生分化，同质选配也有纯化和固定遗传性的类似作用，但不如近交的速度快而全面。

②暴露有害基因。由于近交使基因型趋于纯合，有害基因暴露机会增多，因而可以早期将有害性状的个体淘汰。

③保持优良个体的血统。

④提高畜群的同质性。近交使基因纯合的另一结果是造成畜群分化，但经过选择，却可达到畜群提纯的目的。

（4）近交衰退及其防止。

①近交衰退的现象。所谓近交衰退，是指由于近交，家畜的繁殖性能、生理活动及与适应性有关的各性状均较近交前有所削弱的现象。其具体表现是繁殖力减退、死胎和畸形增多、生活力下降、适应性变差、体质变弱、生长较慢、生产力降低等。

②近交衰退的原因。对于近交衰退的原因，不同的学说从不同的角度有不同的解释。基因学说认为，近交使基因纯合，基因的非加性效应减小，而且平时为显性基因所掩盖起来的有害基因得以发挥作用，因而产生近交衰退现象；生活力学说认为，近交时由于两性细胞差异小，故其后代的生活力弱。

③影响近交衰退的主要因素如下。

近交程度和类型：不同程度和类型的近交，其衰退现象的表现程度不同。近交程度愈高，所生子女的近交系数愈高，其衰退现象的表现可能愈严重。

连续近交的世代数：连续近交与不连续近交相比，其衰退现象可能更严重，连续近交的世代数越多，其衰退现象可能越严重。

家畜种类：这与家畜的神经类型和体格大小有关。一般来说，神经敏感类型的家畜（如马）比迟钝的家畜（如绵羊）的衰退现象要严重。小家畜（如兔）由于世代间隔较短，繁殖周期快，近交的不良后果累积较快，因而衰退表现往往较明显。

生产力类型：肉用家畜对近交的耐受程度高于乳畜和役畜。这可能是由于肉畜的体力消耗较少，在较高饲养水平条件下可以缓和近交不良影响的缘故。

品种：遗传纯度较差的品种，由于群体中杂合子频率较高，故近交衰退比较严重；那些经过长期育成的品种，由于已经排除了一部分有害基因，故而近交衰退较轻。

个体：这与个体的遗传纯度和体质结实性有关。杂种个体的遗传纯度较差，呈杂合状态而具有杂种优势，虽在适应性等方面可以在一定程度上抵消近交的不良影响，但生产力的全群平均值显著下降；近交个体的遗传纯度较高，呈纯合状态，对近交衰退的耐受性较高。体质结实健康的家畜，其近交的危害较小。

性别：在同样的近交程度下，母畜对后代的不良影响较公畜大，这主要是由于母体对后代除遗传影响外还有其母体效应。

性状：近交的衰退现象因性状而异。一般来说，遗传力低的性状，如繁殖性能等，它们在杂交时其杂种优势表现明显，而在近交时其衰退也严重；那些遗传力高的性状，如屠体品质、毛长、乳脂率等，它们在杂交时杂种优势不明显，而在近交时其衰退也不显著。

饲养管理：良好的饲养管理，在一定程度上可以缓和近交衰退现象。

④近交衰退的防止。为了防止近交衰退的出现，除了正确运用近交、严格掌握近交程度和时间以外，在近交过程中还可采用以下措施。

严格淘汰：无数实践证明，只有实行严格淘汰才不至于出现明显衰退。严格淘汰的实质是及时将分化出来的不良隐性纯合个体从群体中除掉，将不衰退的优良个体留作种用。此措施最好能结合后裔测验，用通过后裔测验证明是优良的公母畜近交，则更能收到预期效果。

血缘更新：在自群繁育一段时间后，难免都有不同程度的血缘关系，为防止不良影响，此时应考虑引进一些同品种、同类型、无亲缘关系的种畜或冷冻精液来进行血缘更新。血缘更新对于商品场和一般繁殖群来说尤为重要，所谓"三年一换种"以及"异地选公，本地选母"都强调了这个意思。但在商品场和一般繁殖群中定期更换种公畜，则不一定要考虑同质性。

加强饲养管理：近交个体所产仔畜种用价值一般较高，但生活力较差，表现为对饲养条件要求较高。如果饲养条件能满足它们的要求，则暂时不会或很少会表现出来近交带来的不利影响；如果饲养管理条件不能满足它们的要求，则近交恶果可能会立即在各种性状中表现出来；如果饲养管理条件恶劣，直接影响生长发育，则遗传和环境的双重不良影响将导致更严重的衰退。

做好选配工作：尽量多选公畜为种用，并细致地做好选配工作，就不至于被迫进行近交。即使发生近交，也可使近交系数的增量控制在一定水平之下。实践证明，如果每代近交系数的增量维持在 3% ~ 4%，即使继续若干代，也不致出现显著的有害后果。

⑤近交的具体运用。近交是获得稳定遗传性的一种高效方法，育种中不可不用。但在具体应用时，应注意以下几点。

必须有明确的近交目的：近交只适宜在育种场培育新品种和新品系（包括近交系），为了固定理想型和提高种群纯度时采用，而且近交双方只能是经过鉴定的性状优秀、体质健壮的家畜。另外，还要及时分析近交效果，适可而止，原则上要求尽可能达到基因纯合，但同时又不要超越可能出现的衰退界限。

灵活运用各种近交形式：不同的近交形式其效果不同，可根据具体情况灵活运用。如为了使优良母畜的遗传占优势，可采用母子、祖母与孙子交配的形式；如为了固定公畜的遗传优势，可采用父女、祖父与孙女这种连续与一个优良公畜回交的形式；如为了使父母双方共同的优良品质在后代中再度出现，或为了更大范围地扩大某一优良祖先的影响，或在某一公畜死后为继续保持其优良遗传性时，则可用同胞、半同胞或堂（表）兄妹等同代交配。

控制近交的速度和时间：近交速度的快慢与育种群的质量以及亲本的遗传品质有关，不能一概而论。一般来说，可采取先慢后快的办法，缓慢地提高近交程度，以便及时淘汰携带有害基因的个体。如美国明尼苏达一号猪的育成，便是先慢后快的典型。但近交方式应根据实际情况灵活运用，有时也可先快后慢，因为刚杂交以后，杂种对近交的耐受能力较强，可用较高程度的近交，让所有不良隐性基因都急速纯化暴露，然后便立即转入较低程度的近交，以便近交衰退的过度累积，如梅山猪新品系培育就采用这种方法。

近交时间的长短：原则是达到目的就适可而止，及时转为程度较轻的中亲交配或远交。如近交程度很高而又长期连续使用，则有可能造成严重损失。

严格选择：近交必须与选择密切配合才能取得成效，单纯的近交不但收不到预期的效果，而且往往是危险的。严格选择包括两方面的内容，一是必须选择基本同质的优秀公母畜近交，此时近交才能发挥它固有的作用，二是严格选择近交后代，即严格淘汰有一切不良（甚至是细微的）变异的近交后代，使有害和不良基因频率下降甚至消灭。应该指出，严格选择必然要大量淘汰，但并不是所有淘汰者必定宰杀。所谓淘汰只是不再留作近交之用，只要没有严重缺陷，完全可以继续繁殖，甚至继续留作种用。

（二）种群选配

种群选配就是根据与配双方种群的异同而进行的选配。按其内容和范围来说，则主要是考虑与配双方所属种群的特性以及性状的异同、在后代中可能产生的作用。所谓种群，是指一切种用的群体，它可以是分类学上的属、种，也可以是畜牧学中的品种、品系、品群、类型。根据与配双方所属种群的异同，又可分为下述3类。

1.纯种繁育

即同种群内的选配，亦即选择相同种群的个体进行交配，其目的在于获得纯种，简称纯繁。所谓纯种，是指家畜本身及其祖先都属于同一种群，而且都具有该种群所特有的形态特征和生产性能。级进到四代以上的高血杂种，只要特征特性和改良种群基本相同，亦可当作纯种。相同种群家畜的配合，最初可能是由于地理条件的隔离而必然使用，而以后则是为了保持优良品种的遗传纯度和稳定而有意识地使用。

由于长期在同一种群范围内用来源相近，体质、外形、生产力及其他性状上又都相似的家畜进行同质选配，就势必造成基因的相对纯合，这样形成的种群就有可能有较高的遗传稳定性。通过种群内的选种选配，可以提高种群的品质。因此，纯繁的作用有两个：一是可以巩固遗传性，使种群固有的优良品质得以稳定保持，并迅速增加同类型优良个体的数量；二是可以提高现有品质，使种群水平不断稳步上升。

2. 杂交繁育

即不同种群间的交配，亦即选择不同种群的个体进行交配，其目的在于获得杂种，简称杂交。

杂交可以使基因和性状重新组合，使原来不在一个群体中的基因集中到一个群体中来，使原来在不同种群个体身上表现的性状集中到同一类群或个体上来。杂交还可能产生杂种优势，即杂交所产生的后代在生活力、适应性、抗逆性、生长势及生产力等诸多方面，表现在一定程度上优于其亲本纯繁群体的现象。

杂交后代的基因型往往是杂合子，其遗传基础很不稳定，故杂种一般不作种用。但这一点也不能一概而论，不同种群在某些特定性状上的基因型也有相同的可能，如新疆细毛羊与东北细毛羊，其羊毛细度相同、毛色都是白色，这两个品种杂交，其后代在羊毛细度和白色方面的基因型未必就是杂合子。

杂交具有较多的新变异，有利于选择；又有较大的适应范围，有助于培育，因而是良好的育种材料。再者，杂交有时还能起改良作用，能迅速提高低产种群的生产性能，甚至改变生产力方向。因此，杂交在畜牧业实践中具有重要的地位。

杂交的分类主要有以下3种。

（1）按杂交种群关系远近分。按杂交双方种群关系远近，可将杂交分为系间杂交、品种间杂交、种间杂交和属间杂交。

（2）按杂交目的分。按杂交目的的不同，可将杂交分为经济杂交、引入杂交、改良杂交和育成杂交。杂交目的有时也可以产生改变，特别是经济杂交、改良杂交，常有转变为引入杂交的情况。

（3）按杂交方式分。按杂交方式的不同，可将杂交分为简单杂交、复杂杂交、级进杂交轮回杂交、双杂交。

杂交方式和目的有一定联系，但也不完全一致。一般经济杂交的方式最多；育成杂交可采用多种方式，但应注意避免轮回杂交。

3.品系繁育

品系繁育是较常用的育种技术，品系既是纯繁品种内的单位，也可单独存在，作为杂交育种以及杂种优势利用的亲本。

四、选配的实施

（一）选配的原则

制订选配计划并做好选配工作，应注意以下原则。

1.根据育种目标进行综合考虑

育种有明确的目标，各项具体工作均应根据育种目标进行。为此，选配不仅应考虑与配个体的品质和亲缘关系，还必须考虑与配个体所隶属的种群对它们后代的作用和影响。在分析个体和种群特性的基础上，注意如何加强其优良品质并克服其缺点。

2.尽量选择亲和力好的家畜交配

在对过去交配结果具体分析的基础上，找出产生过优良后代的选配组合，不但要继续维持，而且还要增选具有相应品质的母畜与之交配。种群选配同样要注意配合力问题。

3.公畜等级高于母畜等级

因公畜具有带动和改进整个畜群的作用，而且选留数量少，故其等级和质量都应高于母畜。对特级、一级公畜应充分使用，二级、三级公畜则只能控制使用，最低限度也要同等级使用，绝不能公畜等级低于母畜等级。

4.具有相同缺点或相反缺点者不能配种

选配中，绝不能使具有相同缺点（如毛短与毛短）或相反缺点（如凹背与凸背）的公母畜交配，以免加重缺点的发展。

5.控制近交的使用

近交只能控制在育种群中必要时使用，它是一种局部而又短期内采用的方法。在一般繁殖群中，非近交是一种普遍而又长期使用的方法。为此，同一公畜在一个畜群的使用年限不能过长，应做好种畜交换和血缘更新工作。

6.搞好品质选配

优秀公母畜，一般均应进行同质选配，以便在后代中巩固其优良品质。一般只有品质欠优的母畜或为了特殊的育种目的才采用异质选配。对已改良到一定程度的畜群，不能用本地公畜或低代杂种公畜来配种，以免改良配种失败。

（二）选配前的准备工作

制订选配计划，必须事先做好准备工作，它包括以下内容。

1.深入了解整个畜群和品种的基本情况

其基本情况包括系谱结构、形成历史、畜群现有水平和需要改进提高的地方。为此，应分析畜群的历史和品种形成的过程，并对畜群进行普遍鉴定。

2.认真分析以往的交配结果

查清每一头母畜与哪些公畜交配曾产生过优良的后代、与哪些公畜交配效果不好，以便总结经验和教训。对于已经产生良好效果的交配组合，则采用"重复选配"的方法，即重复选定同一公母畜组合配种；对于还未交配过更未产生过后代的初配母畜，可分析其全同胞姐妹或半同胞姐妹与什么样的公畜交配已产生良好效果，不妨也用这样的公畜与这些初配母畜试配，待这些母畜产第一胎仔畜后就进行总结，以便找出较好的交配组合作为今后选配的依据。

3.全面分析即将参加配种公母畜的基本资料

参加配种公母畜的基本资料包括其系谱、个体品质和后裔鉴定材料，找出每一头家畜要保持的优点、要克服的缺点、要提高的品质。后裔鉴定材料可直接为选配提供依据，找出最好的交配组合。

进行上述准备工作时，可采用下述具体方法。

（1）分析交配双方的优缺点。将母畜每一头或每一群（按其父畜分群）列成表，分析其优缺点，根据这些优缺点选配最恰当的公畜。

（2）绘制畜群系谱图。畜群系谱可使整个畜群的亲缘关系一目了然，以便分析个体之间的亲缘关系，从而避免盲目近交。

（3）分析系、族间的亲和力。从畜群系谱可追溯各个体所属系、族，然后比较不同系、族后代的选配效果，以判断不同系、族间亲和力的大小。

（三）拟订选配计划

选配计划又叫选配方案。选配计划没有固定的格式，但计划中一般应包括每头公畜和与配母畜号（或母畜群别）及其品质说明、选配目的、选配原则、亲缘关系、选配方法、预期效果等。

选配方法有个体选配和群体选配两类。个体选配是在逐头分析的基础上选定与配公畜，牛、马等大家畜及各畜种的核心群母畜，一般采用此形式。群体选配又分两种，一种是等级选配，即按公母畜的等级进行选配。这是因为同等级的家畜有共同的特点，不同等级的家畜有不同的特点。例如，细毛羊中一级羊体大、毛长毛密，二级羊则有体小、毛短的共同缺点。为了工作方便，一般以等级群体为单位进行选配，这实际上等于按个体特性进行选配。另一种是在某些小家畜品系繁育中的"随机交配"，即在选定的公母畜群间进行随机结合。群体选配的优点是简单易行，只要公畜挑选得当，就能取得良好效果，因为畜群质量的改进在很大程度上取决于优秀公畜。

还应指出的是，在制订选配计划时，应充分利用优秀公畜的作用，应使用经鉴定的公畜，以备在执行过程中如发生公畜精液品质变劣或伤残死亡等偶然情况，可及时更换与配公畜。选配计划执行后，在下次配种季节到来之前，应具体分析上次选配效果，按"好的维持，坏的重选"的原则，对上次选配计划进行全面修订。表 2-2 是牛的选配计划表的样式。

表 2-2　牛的选配计划

母牛				与配公牛					
牛号	品种	等级	特点	牛号	品种	等级	特点	亲缘关系	选配目的

第二节　畜禽杂交利用

在畜牧业生产中，杂交是指不同种群（种、品种、品系或品群）之间的公母畜的交配。杂交技术的运用在我国有着悠久的历史。先秦时代，我国北方少数民族地区的游牧民族就利用马驴杂交产生杂种后代骡。中国古代的动物杂交不仅运用于马、驴之间，还运用于其他动物的育种，如牦牛和黄牛的杂交、家鸡和野鸡的杂交、番鸭和麻鸭的杂交以及家蚕雌雄之间的杂交等。

杂交的遗传效应与近交的遗传效应相反，不同的杂交方法和杂交方式会产生不同的杂交效果。概括地说，杂交有以下几方面的用途：一是可综合双亲本的性状，育成新品种；二是改良家畜的生产方向；三是产生杂种优势，提高生产力。

一、杂交改良

许多地方品种历史悠久，适应性强，对饲养管理条件要求较高，但生产性能低或者其畜产品的种类、质量等不能满足市场需求。这时，改进地方品种的缺点，提高其生产性能最简便、快捷的方法，就是用优良的外来品种与之杂交，一般称之为杂交改良。根据杂交的次数或代数，以及外来基因所占的比例，杂交改良大致上分为引入杂交和级进杂交两类。这种杂交的范围一般以畜群为单位，而不是以整个品种为对象。

（一）引入杂交

引入杂交又称导入杂交，是以原有品种为主，在保留原有品种基本品质的前提下，通过导入另一品种基因成分来克服和改进原有品种个别缺点的杂交方法。

1.引入杂交的方法

引入杂交一般选用与原有品种基本上同质，需要导入优良品质方面表现突出的品种作为父本，而以原有品种作为母本，杂交后代再与原有品种回交，使导入品种基因成分占25%，进行横交固定（杂种自群繁育）。如果原有品种品质尚不能完全保持，也可再与原有品种回交，使后代含导入品种基因成分占12.5%，以后在这些后代间横交固定（图2-1）。

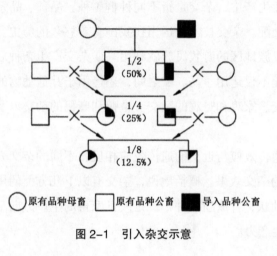

图2-1 引入杂交示意

2.引入杂交的适用范围

（1）用本品种选育难以改进的个别性状。原有品种基本上符合要求，但还存在个别性状需要改进，用本品种选育又难以奏效时，可考虑采用引入杂交。例如，荣昌猪用长白猪进行引入杂交，改进其体型和四肢软弱的缺点，收到了明显的效果。

（2）只需要加强或改善畜种的生产力。不改变畜种的生产方向，只需要加强或改善其生产力。如一个基本符合要求的瘦肉型猪群体，由于体格过小而且产肉量低时，可以选用一个大型的瘦肉型猪品种进行引入杂交。

3.引入杂交的注意事项

（1）亲本的选择。引入品种必须与原有品种基本同质，生产方向基本相同。引入品种的公畜（也可引入母畜）必须严格进行选择，要求具有针对原来品种缺陷的显著优点，而且这优点能够稳定遗传，引入公畜最好经过后裔测验。

（2）加强亲本及杂种的培育。引入杂交需选用优良母畜与引入品种公畜杂交一次，所产杂种后代又将与原来品种进行回交。因此，一方面要对亲本和杂种加强选育，进行严格的选种和细致的选配，防止在几代以后退回到原来的水平；另一方面要提供必需的培育条件，创造有利于引入品种优良性状表现的饲养管理条件，保证引入杂交的成功。

（3）引入外血量要适当。采用引入杂交时，坚持以原有品种为主，一般引入外血的量不超过 1/8 ～ 1/4，引入外血量过多，不利于保持原来品种的特性。如原来品种与引入品种在主要生产性状及特性方面差异不大，在回交一代（含 25% 外血）后就可暂时在引血群内横交。如差异过大，则应在回交二代（含 12.5% 外血）后进行横交。在引血群内选出所需要的纯合子作种畜，然后用以提高整个品种，单纯依靠外血难以巩固所需要的性状。

（4）限定范围。必要时，在地方品种的本品种选育过程中可采用引入杂交，但应注意杂交只宜在育种场内进行，切忌在良种产区普遍推行，以免造成地方良种混杂。在育种场内一般也只进行少量杂交，还要保留一定规模的地方良种纯繁，供回交时使用。为了试验，也可引入少量外来品种的母畜作改良者。引入母畜进行杂交，至少有两个明显的特点：一是母畜影响面比较小，在试验阶段对整个品种或畜群不致有很大的影响；二是由于有些性状受母本影响大，这样的引入杂交有可能使某些性状的改进效果更好。

（二）级进杂交

级进杂交又叫改造杂交或吸收杂交。这种杂交方法是以引入品种为主、原有品种为辅的一种改良性杂交。级进杂交是提高本地畜种生产力的一种最普遍、最有效的方法，当原有品种需要做较大改造或生产方向需要根本改变时使用。

1.级进杂交的方法

以改良品种的公畜（引入品种）与被改良品种的母畜交配，产生的杂种母畜连续与改良品种的不同公畜交配（杂种公畜不留种），直到获得理想的类群再进行自群繁育（图 2-2）。一代杂种含改良品种的基因成分为50%，二代为 75%，三代为 87.5%，以此类推，四代以上杂种通称高代杂种。改造杂交在我国畜禽育种中应用较早，尤其在粗毛羊改为细毛羊、役用牛改为乳用牛和肉用牛方面获得了显著成效。

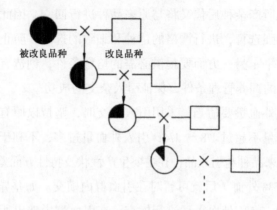

图 2-2 级进杂交示意

2.级进杂交的适用范围

（1）改造生产性能低的品种。当原有品种生产性能低，不能满足国民经济需要时，可用级进杂交方法提高其生产性能。例如，我国黄牛耐粗耐劳、适应性强，但是产乳量很低，为了提高产乳量，我国北方大部分地区利用荷斯坦牛改良当地黄牛，取得了明显的效果。

（2）改变畜群的生产方向。如役用牛改成乳用牛、粗毛羊改成细毛羊，都可以采用这种杂交方法。如在黄牛向奶用方向改良的过程中，不少地方用级进杂交，已获得了许多成功的经验。

（3）经济有效地获得大量"纯种"家畜。应用优良纯种公畜改良当地家畜，经过 4～5 代级进杂交后，杂种在体质外形上和生产性能上都已非常接近"纯种"。所以，有些国家将这些"高血统杂种"登记为"纯种"。这种获取"纯种"家畜的改良途径，节省了购买纯种家畜的大量费用，非常经济有效。

（4）获得大量适应性强且生产力高的家畜。在条件比较艰苦而又难以很快改良，从而不能很好培育优良的生产性能高的家畜的地方，可以用生产性能良好的家畜作为改良品种，与能适应当地条件但生产力差的品种进行级进杂交。如果改良代数适当，杂种表现为适应性强且生产力高。

3.级进杂交的注意事项

（1）明确改良的具体目标。进行级进杂交前，首先必须有明确的目标。根据目的不同，制订具体的杂交方案，避免盲目杂交，造成浪费。

（2）选好改良品种和改良个体。改良品种的选择与改良效果关系极为密切。选择时要认真考虑地区条件、地区规划及地区需要，并在此基础上根据各有关品种的特性和特点做好判断。适宜的改良品种必须是该地区需要、有发展前途的、生产力高的品种。

改良用畜无论公母都必须有较高的性能，除了考虑生产性能高、能满足畜牧业发展需要外，还要特别注意其对当地气候、饲养管理条件的适应性。因为随着级进代数的提高，外来品种基因成分不断增加，适应性的问题会越来越突出。

（3）杂交代数要适当。级进到几代好，没有固定的模式，但不是代数越高越好。随着杂交代数的增加，杂种优势逐代减弱，因此实践中不必追求过多代数，一般级进2～3代即可。过高代数还会使杂种后代的生活力、适应性下降。事实上，只要体形外貌、生产性能基本接近用来改造的品种就可以固定了。原有品种应当有一定比例的基因成分，这对适应性、抗病力和耐粗性有好处。

（4）加强对杂种的培育与选择。级进杂交中，要注意饲养管理条件的改善和选种选配的加强。随着级进代数的增加，生产性能的不断提高，培育条件要相应改善，一般要求饲养管理水平也应相应提高。同时，对杂种后代要严格选择，淘汰性能低下及遗传性不稳定的个体。

二、杂交育种

利用2个或2个以上的品种进行杂交培育新品种的杂交方法称为杂交育种，又称为育成杂交或创造性杂交。杂交育种的创造性主要表现在综合参与杂交品种的优点，创造新的类群。如果本地品种具有某种优点，但不能满足国民经济的需要，而且又无别的品种可以代替，或者需要把几个品种的优点结合起来育成新品种，便可采用杂交育种的方法。

1.杂交育种及其步骤

（1）确定育种目标和育种方案。建立明确的育种目标非常必要，没有明确的指导思想，会使育种工作盲目性大、效率低、时间长、成本高。应在掌握国内外进展，调查分析当地自然经济条件、市场走向与潜在需要以及品种资源情况的基础上，确定选育新品种（或品系）主要的目标性状所要达到的指标以及杂交用的亲本及亲本数，初步确定杂交代数和每个参与杂交的亲本在新品种血缘中所占的比例等。实践中也要根据实际情况进行修订与改进，灵活掌握。

（2）杂交创新阶段。这一阶段是采用杂交手段（将具有不同优良性状的不同品种进行杂交），实现基因重组，扩大遗传变异（产生各种变异类型，包括新类型），通过测定、选择和选配，创造出兼具诸杂交亲本优点的新的理想型杂种群。此阶段的工作除了选定杂交品种或品系外，每个品种或品系中与配个体的选择、选配方案的制订、杂交组合的确定等都直接关系到理想后代能否出现。因此，有时可能需要进行一些试验性的杂交。由于杂交需要进行若干世代，所采用的杂交方法如引入杂交或级进杂交，要视具体情况而定，灵活掌握。理想个体一旦出现，就应该用同样的方法生产更多的这类个体，在保证符合品种要求的条件下，使理想个体的数量达到满足继续进行育种的要求。

（3）自繁固定阶段。这一阶段从杂种自群繁殖始至稳定遗传为止。此阶段要求停止杂交，进行理想杂种群内的自群繁育（或称横交，即杂种群内理想型个体的相互交配），以期使目标基因纯合和目标性状稳定遗传，主要采用同型交配方法，有选择性地采用近交。对于个别十分突出的理想型杂种公畜，为了迅速地巩固其优良特性并使其特性能传递给后代，甚至可连续进行父女交配或兄妹交配。例如，乌克兰草原白猪是世界上快速培育新品种的典型例子之一，归功于对种猪极其严格的挑选和较高度的近交。当然，近交的程度以未出现近交衰退为度。在选择理想型杂种准备自群繁殖的过程中，对具有某一重要优点且相当突出的个体，可考虑围绕其建立品系。这一阶段，以固定优良性状、稳定遗传特性为主要目标。同时，也应注意饲养管理等环境条件的改善。横交固定一般在育种场内进行。

（4）扩群提高阶段。在前阶段虽然培育了理想型群体或品系，但是在数量上毕竟较少，还不易避免不必要的近交，在数量上也还没有达到成为一个品种的起码标准。因此，这个阶段应大量繁殖已固定的理想型畜群，增加其数量和扩大分布地区，着手培育新品系，建立品种整体结构和提高品种质量，这是建成一个新品种必备的条件。在横交固定阶段已建立的品系，应予以扩大。还可利用品系间杂交，使后代获得更多的优良特性，进一步提高品种的质量。在增加数量和质量的同时，可逐步推广品种，使之获得广泛的适应性。

这一阶段开始时定型工作虽已结束，但为了加速新品种的培育和提高新品种的质量，还应继续做好性状测定、选种、选配以及饲养管理等一系列工作。不过这一阶段的选配有着鲜明的特点，那就是不再强调同质选配，而且开始转入非近交。选配方法上应该是纯繁性质，一般不许杂交。

2.杂交育种的方法分类

杂交育种没有固定的杂交模式，它可以根据育种目标的要求，采用级进杂交、多品种交叉杂交等方法，以达到育成新品种的目的。例如，我国新疆毛肉兼用细毛羊采用4个品种，经过复杂育成杂交育成；新淮猪是用大约克夏猪和淮猪进行正反杂交育成的。

（1）按照育种所用的品种数量分类。

①简单育成杂交：指只用2个品种进行杂交来培育新品种。这种育种方法成本低、简单易行，而且新品种的培育时间较短。采用这种方法，一是要求选用的2个品种其遗传基础要清楚，要包含所有新品种的育种目标性状，优点能互补；二是在培育前需要设计杂交培育方案，杂交方式、培育条件及整个工作内容、工作进度、预计目标等，都要有一个完整的设计方案，这样有助于目标的完成。

②复杂育成杂交：如果根据育种目标的要求，选择2个品种仍然满足不了要求时，可以多用1～2个甚至更多一些品种，这种用3个以上的品种杂交培育新品种的方法，称为复杂杂交育种。所用品种多的好处在于杂交后代的遗传基础丰富，可综合多个品种的优良特性。但也不是越多越好，杂交所用的品种越多，后代的遗传基础越复杂，需要的培育时间也往往相对越长。在运用的品种较多时，由于各品种在育成新品种时的作用各不相等，其所占比重和作用必然有主次之分。所以不仅应根据每个品种的性状或特点，很好地确定父本或母本，进行个体的严格选择，还要认真推敲先用哪两个品种，后用哪一个或哪几个品种。因为后用的品种对新品种的遗传影响和作用相对较大。通过这种育种方法已培育出不少新品种，如新疆毛肉兼用细毛羊（中国育成的第一个绵羊新品种）、东北毛肉兼用细毛羊（中国育成的第二个绵羊新品种）、内蒙古毛肉兼用细毛羊和北京黑

猪等品种，都是由 3 个以上品种杂交培育出来的。

（2）根据育种目标分类。

①改变家畜主要用途的杂交育种。随着人口的增多、社会的发展，许多原有的畜禽品种已不能满足要求，这时就有必要改变现有品种的主要用途或育种目标。例如，把毛质欠佳，满足不了纺织需要的肉用、兼用型绵羊或细毛羊杂交，通过杂交育种，培育细毛羊或半细毛羊。改变家畜主要用途的杂交育种，一般要选用一个或几个目标性状。符合育种目标的品种，连续几代与被改良品种杂交，在得到质量与数量均满足要求的杂交后代以后，进行自群繁育。我国东北细毛羊就是用这种方法育成的。

②提高生产性能的杂交育种。培育高生产力水平的畜禽新品种，对畜牧业生产的发展有着重要的意义。因此，提高生产能力的杂交育种，在不少地方都有开展。例如，北京黑猪、新淮猪、黑白花奶牛和草原红牛的培育等都是具体的例证。

③提高适应性和抗病力的杂交育种。许多著名的畜禽、家禽品种都有最适宜自己生活和发挥最好生产潜力的自然环境条件，当把这些品种引入到环境条件不同的地区时，要求这些品种对新环境有一定的耐受能力。于是就有必要培育具有适应性强和抗病力好的品种。我国幅员辽阔，生态条件不仅复杂，有的还极为特殊，如青藏高原的低压高寒、南方等地的高温多雨，因此，有必要培育抗逆性品种。来航鸡的抗马立克氏病品系是美国培育的新型品系。在海福特牛与短角牛的杂交后代中，含有一个抗牛蝉的主基因，这个基因可以转移并能在其他基因型中表达，属显性遗传，抗牛蝉效应极高。所以，培育出携带这个主基因的品系或品种，将能有效地防止牛蝉病的发生。

（3）根据育种工作的基础分类。

①在现有杂种群基础上的杂交育种。用外来品种与原始品种或地方品种杂交，然后以杂种畜禽为基础，培育一个兼有当地品种和引入品种优点的新品种。这种育种方法就属于在杂交改良基础上开展的杂交育种。在杂交改良基础上培育新品种，我国早有先例，如三河牛、三河马等就都是在杂交改良基础上培育的。

②有计划从头开始的杂交育种。培育畜禽新品种是畜牧业生产的一项基本建设工作。为了保证进度和质量，一般应在工作开始前，根据国民经

济的需要、当地的自然条件和基础畜禽的特点进行细致的分析和研究，然后以现代遗传育种理论为指导，制订出目的明确、方法可行、措施有力和组织周密的育种计划并严格执行。有计划从头开始的杂交育种可使工作少走弯路，有利于培育出高质量的新品种。中国美利奴羊就是有计划从头开始的杂交育种产物。从 1972 年开始，以澳洲美利奴羊为父系，波尔华斯羊、新疆细毛羊和军垦细毛羊为母系，进行有计划的育成杂交，1985 年 12 月经鉴定验收，正式命名为中国美利奴羊。

三、杂种优势利用

（一）杂种优势的表现

杂种优势是指杂种后代（子一代）在生活力、生长发育和生产性能等方面的表现优于亲本纯繁群体。如某一良种羊群体平均体重为 40 千克，本地羊群体平均体重为 30 千克，两者杂交后产生的杂种群体平均体重为 36 千克，这就表现出了杂种优势。杂种优势是当今畜牧业生产中一项重要的增产技术，已广泛应用于肉鸡、蛋鸡、肉猪、肉羊、肉牛生产。

但也应注意到，杂种并不是在所有性状方面都表现优势，有时也会出现不良的效应。杂种能否获得优势，其表现程度如何，主要取决于杂交用的亲本群体质量和杂交组合是否恰当。如果亲本缺少优良基因、双亲本群体的异质性很小或不具备充分发挥杂种优势的饲养管理条件等，都不能产生理想的杂种优势。

（二）杂交优势产生的理论基础

一般认为，杂种优势是与基因的非加性效应有关。目前，对产生杂种优势的机制有 4 种学说，即显性学说、超显性学说、上位学说和遗传平衡学说。显性学说认为，杂种优势是由于双亲的显性基因在杂种中起互补作用，显性基因遮盖了不良基因的作用结果；超显性学说则认为，杂种优势是等位基因的异质状态优于纯合状态，等位基因相互作用可超过任一杂父亲本，从而产生超显性效应；而上位学说强调的是非等位基因间的相互作用，有时表现为显性上位，有时表现为隐性上位；遗传平衡学说则认为，在基因型不同的个体间杂交时，杂种后代性状将具有不同比率的遗传平衡，其大小与亲本相比将出现增高或减小的变化。关于杂种优势遗传原理，这4种学说都各自从不同角度解释了杂种优势现象，虽都不够全面，但都包含了一些正确看法。这些学说都只是杂种优势理论的一部分。分子遗传学的研究对基因有了新的认识，发现基因间的作用相当复杂，难以明确区分显性、超显性、上位等各种效应。实践证明，杂种优势现象极其复杂，不同性状有不同的杂种优势率，即使同一性状在不同试验或生产条件下也可能有不同的杂种优势率。采用的杂交方式不同，参与杂交的种群及组合的不同，杂种优势大小有明显的差异，高的可达30%～50%，低的仅为5%～10%，有时甚至出现负值。

（三）杂种优势利用的方法和步骤

杂种优势利用必须有计划、有步骤地开展。杂种优势利用既包括对杂交亲本的选优和提纯，又包括对杂交组合的筛选。杂交优势既有杂交，又有纯繁，它是一整套综合措施。

1.杂交亲本的选优与提纯

要想成功地开展杂种优势利用工作，获取最佳经济效益，对杂交用的亲本种群的选优和提纯，是杂种优势利用工作的2个基本环节。只有当杂交亲本具有优质高产的遗传基因，能产生明显的显性效应和上位效应，杂种才能显示出杂种优势。

"选优"就是通过对亲本种群的选择，使亲本群体高产基因的频率尽可能增加；"提纯"就是通过选择和近交使得亲本群体在主要性状上纯合基因型频率尽可能扩大，个体间差异尽可能缩小。"选优"与"提纯"是2个不可截然分开的技术措施，它们是相辅相成、同步进行的一个过程。只有增加了优良基因的频率，才有可能使这些优良基因组合成优质基因型，使种群中纯合子的频率尽可能增多。故杂种优势的利用必须在纯繁基础上进行，亲本越纯，杂交亲本双方的基因频率差异越大，配合力测定的误差越小，所得的杂种生产性能更高，外形体质更加一致，更加规格化。在猪、鸡生产中，由于事先选育出优良的近交系或纯系，然后进行科学杂交，从而获得了强大的杂种优势，取得了显著的生产效果和良好的经济效益。

"选优"和"提纯"的较好方法是品系繁育，用群体品系或近交系建立配套品系，再经配合力测定，筛选最优组合推广应用。用品系繁育方法"选优"和"提纯"的优点在于，品系比品种数量小，便于控制，能较快完成"选优"和"提纯"，有利于缩短培育亲本的时间。

2. 杂交亲本的选择

在生产中，杂交亲本的选择应按照父本和母本分别选择。

（1）母本的选择。要选择本地区数量多、分布广、适应性强的品种或品系作为母本。良好的母本应具有繁殖力强、母性好、泌乳力强等特点。母畜不宜选用大型品种，体格大的个体对营养的维持需求量大，饲料报酬低。

（2）父本的选择。首先要选择生长速度快、饲料利用率高、胴体品质好的品种或品系作为父本。其次要考虑适应性和种畜来源问题。一般父本多选择外来优良品种。

3. 杂交效果的预估

不同杂交组合的杂交效果差异往往比较大，如果每个组合都要通过杂交试验，那么测定配合力的工作量很大，而且费时费钱。实际上也没有必要进行两两之间的杂交组合试验。在做配合力测定之前，可以根据种群的来源和种群的生产类型作预测和分析，对明显不合要求的杂交组合可不做杂交试验。

（1）一般情况下，分布地区距离较远、来源差别较大、类型特征不同的品种间或品系间杂交，可望获得明显的杂种优势。

（2）长期与外界隔离的封闭畜群，用作杂交亲本，可望获得较大的杂种优势。山区交通不便或因其他地理条件的自然隔离，形成了一些自然封闭的闭锁繁育种群，这些种群内基因组成较纯，与其他种群之间基因频率差异较大，用作杂交亲本，杂种后代可望产生明显的杂种优势。

4. 配合力测定

配合力是指种群通过杂交能够获得杂种优势的程度，即杂交效果的大小。用分析法判断种群间的杂种优势，情况较复杂，需占有充分的资料，并要有相当的实际经验，否则不易作出准确的判断，甚至会出现错误的判断。在这种情况下，最好通过杂交试验，进行配合力测定，以筛选出最优杂交组合。在做配合力测定之前，最好是在种群经过 2～3 代的选优和提纯以后进行。因为在种群比较整齐一致的情况下所测得的配合力才是可靠的。

配合力按基因的遗传效应分为两种，一般配合力和特殊配合力。

（1）一般配合力。指的是一个种群与其他各种群杂交所能获得的平均值。如果一个品种与其他各品种杂交经常能够获得较好的效果，那么它的一般配合力就好。如我国荣昌猪与许多品种猪杂交效果很好，说明它的一般配合力好。一般配合力的遗传基础是基因的加性效应。因为显性效应和上位效应值在各杂交组合中有正有负，在平均值中已互相抵消。

（2）特殊配合力。指两个特定种群之间杂交所能获得超过一般配合力的杂种优势。它的遗传基础是基因的非加性效应，即显性效应和上位效应。一般杂交试验进行配合力测定，主要测定特殊配合力。

一般配合力反映了杂交亲本间群体平均育种值的高低，遗传力高的性状，一般配合力都高；遗传力低的性状，一般配合力都不容易提高。一般配合力主要依靠纯繁选育来提高。特殊配合力反映了杂种群体平均基因型值与亲本群体平均育种值之差，其提高主要依靠杂交组合选择。遗传力高的性状，各组合的特殊配合力差异不会太大；反之，遗传力低的性状，特殊配合力可以有很大的差异，因而有很大的选择余地。一般杂交试验，主要测定两个杂交亲本群体的特殊配合力。特殊配合力一般以杂种优势值来表示。

进行配合力测定一般应注意以下几点。

（1）应当有合理的试验设计，试验应突出主要性状的测定。要有适当的饲养方式和营养水平，并有严格的记录、记载制度。

（2）杂交试验应当设立亲本对照组，试验组和对照组应当在相同条件下饲养和管理。

（3）不必要的组合可以不做，也不必每个组合都做正交和反交试验。有条件的地区，可以集中在同一年度、相同季节内进行，以减少年度和季节造成的偏差，提高测定的准确性。

5. 杂种优势的度量

杂种优势表示的是一个特定杂交组合的特殊配合力，杂种优势的大小，一般以杂种优势值来表示，即：

$$H = \overline{F_1} - \overline{P}$$

式中，H 为杂种优势值；$\overline{F_1}$ 为一代杂种平均值；$\overline{P}$ 为两亲本群体纯繁时的平均值。

为了便于多性状间相互比较，杂种优势值常用相对值来表示，即杂种优势率表示，其计算公式如下：

$$H(\%) = \frac{\overline{F_1} - \overline{P}}{\overline{P}} \times 100$$

6. 建立专门化品系和杂交繁育体系

所谓专门化品系就是优点专一，并专作父本或母本的品系。利用专门化品系杂交可以获得显著的杂种优势。例如，在肉牛生产中，建立生长快、饲料利用率高的父本品系，通过杂交试验，确定最优杂交组合，能获得超出一般水平的理想效果。

为了确保杂种优势利用工作的顺利开展，应特别重视建立杂交繁育体系，即建立各种性质的畜牧场。目前，建立的杂交繁育体系有三级杂交繁育体系和四级杂交繁育体系。三级杂交繁育体系即建立育种场、一般繁殖场和商品场（图 2-3）。育种场的主要任务是选育和培育杂交亲本；一般繁殖场主要进行纯种繁殖，为商品场提供父母本；商品场主要进行杂交生产商品家畜。这种繁育体系适宜于两品种杂交生产。

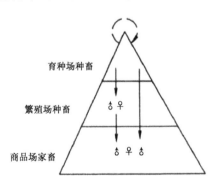

图 2-3 三级杂交繁育体系

四级杂交繁育体系是在三级杂交繁育体系的基础上加建一级杂种母本繁殖场，开展三品种杂交的地区要建立四级杂交繁育体系。

（四）杂交方式

由于杂交的目的不同，其方法也各异。但就杂交的性质来看，其实质是通过杂交使各个亲本种群的基因组合在一起，形成新的更为有利的基因型。根据用途的不同，可以把杂交方法分为以下几种。

1.二元杂交

二元杂交也叫简单的经济杂交或单杂交。二元杂交（图2-4）就是用2个不同品种（或品系）杂交，产生一代杂种公母畜全部做经济利用，不留种，其基础父母群始终保持纯种状态。

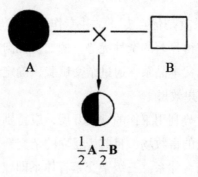

图2-4　二元杂交模式

这种杂交方法简单易行，特别是在选择杂交组合时较为简单，只需做一次配合力测定。而且杂种优势明显，并具有良好的实际效果。通常以当地品种为母本，只需引进一个外来品种作为父本，数量不用太多便可杂交。养猪业中的"公猪良种化、母猪本地化、肉猪杂种一代化"就是用的这种杂交方式。

这种杂交方式的缺点是不能充分利用繁殖性能方面的杂种优势，因为用以繁殖的母畜都是纯种，杂种一代直接用于商品，因而其繁殖性能方面的杂种优势没有机会表现出来；纯种母本需求数量大，成本高。

2.三元杂交

三元杂交又叫三品种杂交。三元杂交（图2-5）就是先用2个品种杂交产生具有杂种优势的母本，再与第3个品种的公畜杂交，产生的三品种杂种全部供经济利用。

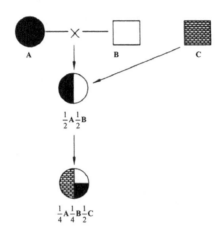

图 2-5　三元杂交模式

三元杂交的优点主要表现为在一般情况下其杂种优势要超过单杂交。首先，在整个杂交体系下，三元杂种母畜在繁殖性能方面的杂种优势可以得到利用，二元杂种母畜对三元杂交的母体效应也不同于纯种；其次，三元杂种集合了 3 个品种的差异和 3 个品种的互补效应，因而单个数量性状上的杂种优势可能更大；最后，母本用杂交一代的母畜，从而可以在相当大的程度上减少纯繁母本，以节约开支，提高效益。在这一点上正好弥补了二元杂交的不足。

三元杂交的缺点是需要有 3 个繁殖场分别饲养 3 个纯种，要进行 2 次杂交试验才能确定最佳杂交组合，因而，三元杂交的组织工作和技术工作都比较复杂，成本也较高。

3. 双杂交

双杂交又称四元杂交，即用 4 个品种或品系分别两两杂交，获得一级杂种，再在两种杂种间进行第二级杂交，所得杂种全部用作商品畜禽，这种方法叫双杂交。

双杂交最初用于生产杂交玉米，在畜牧业中主要用于养鸡生产。鸡的双杂交基本方法是先用高度近交建立近交系，再进行近交系间配合力测定，选择适于作父本和母本的单杂交系，然后再进行单杂交系间的杂交。选定了杂交组合后分两级生产杂交鸡，第一级是生产单杂交鸡，第二级是生产双杂交商品鸡（图 2-6）。

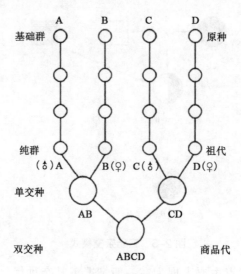

图2-6　鸡双杂交模式

实践证明，双杂交的杂种比单杂交杂种具有更强的杂种优势，双杂交的商品畜禽生命力强，生产性能高，经济效益显著。由于这种方法的出现被大量采用，极大地促进了现代肉用畜禽的发展。

双杂交的优点是：①遗传基础更广泛，有更多的显性优良基因相互作用的机会，容易获得更大的杂种优势。②利用杂种母畜的优势外，还充分利用了杂种公畜的优势，这种优势主要表现为配种能力强，可以少养多配并延长使用年限。③由于大量利用杂种繁殖，可少养纯种，降低生产成本。④杂种一代，除作二级杂交用的父本和母本外，其余杂种完全可作育肥用的商品畜群，而杂种的育肥性能要比纯种好。

双杂交方法的不足是这种杂交方式涉及4个种群，组织工作比较复杂。要保持4个近交系在大型动物中有相当大的难度，而在家禽生产中同时保持4个纯种群则比较容易，费用少，因而在养鸡业中被广泛应用。在现代蛋鸡生产中，所采用的品种多为双杂交种，因而一般要建立4种类型的繁育场，而肉猪生产中则采用纯系配套杂交。

4.轮回杂交

用2个或2个以上品种或品系，有计划地轮流杂交，各世代的杂种母畜除选留一部分再与另一品种杂交外，其余杂种母畜和全部杂种公畜供经济利用，把这种杂交方式称为轮回杂交（图2-7）。

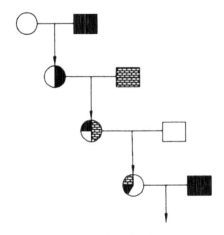

图 2-7　轮回杂交模式

　　这种杂交方法的优点是：①除第一次杂交外，母畜始终都是杂种，有利于充分利用繁殖性能方面的杂种优势。②对于单胎家畜，特别是肉牛业，繁殖用母畜需要较多，杂种母畜也需用于繁殖，采用这种杂交方式最为合适，因为二元杂交不利用杂种母畜繁殖，三元杂交也需要经常用纯种杂交以产生新的杂种母畜，对于繁殖力低的家畜，特别是大家畜都不适宜。③这种杂交方式只需要每代引入少量纯种公畜或利用配种站的种公畜，而不需要自己维持几个纯繁群，在组织工作上方便得多。④由于每代交配双方都有相当大的差异，因此始终能产生一定的杂种优势。

　　轮回杂交的缺点是：①代代需要变换公畜，即使发现杂交效果好的公畜也不能继续使用，而且如果自己饲养公畜，则公畜在使用一个配种期后，要么淘汰，要么闲置几年，直到下一个轮回才能使用，因此可能造成较大浪费。克服的办法是使用人工授精或者几个畜场联合使用公畜。②配合力测定较难，特别是在第一轮回的杂交期间，相应的配合力测定必须在每代杂交之前，但是这时相应的杂种母畜还没有产生，为了进行配合力的测定，就必须在一种类型的杂种母畜大量产生之前，先生产少数供测定用的该类型杂种母畜，这就比较麻烦。但是在完成第一轮回的杂交以后，只要方案不变，就不一定要再做配合力的测定。

（五）制订杂交改良方案的基本原则

　　在生产中，要组织开展杂交改良工作，首先必须制订切实可行、科学合理的杂交改良方案，制订杂交改良方案应遵守以下原则。

1. 明确改良目标

改良目标要根据社会经济发展的需要来制订，要能满足人民生活水平日益提高的需求。如黄牛改良目标是向肉用或乳用方向发展。

2. 选择适宜的杂交改良方法

要根据选用品种的多少及改良目标确定适宜的杂交改良方法，既要有利于实施，又要能达到预期目的。

3. 慎重选择杂交亲本，筛选最佳杂交组合

杂交亲本的母本一般选择地方品种，父本一般选择引进优良品种，因而要加强对父本的选择。

4. 建立杂交繁育体系

可根据需要建立三级或四级杂交繁育体系。

5. 加强对试验示范推广工作的指导

由于我国畜牧业以户养为主，开展杂交改良工作涉及许多养殖场（户）的利益，因而，推广工作应由点到面逐步进行，并要加强对推广工作的技术指导。

第三章　畜禽的妊娠与分娩技术

　　母畜在妊娠的各个阶段都会发生生理上的变化，准确识别这些变化特征是进行妊娠诊断的重要依据。特别是母畜妊娠的早期诊断，对于减少空怀、增加畜产品和有效实施动物生产都是相当重要的。分娩是在激素、神经和机械等多种因素的协同、配合，以及母体和胎儿共同参与下完成的，其中一方面出现问题就会造成难产，需要采取有效的方法实施助产。

第一节 妊娠诊断

妊娠又叫怀孕，是指受精卵第一次卵裂到胎儿成熟娩出的时期。整个过程，可分为胚胎早期发育期，胚胎附植期和胎膜、胎盘期。在妊娠早期对母畜进行妊娠诊断，对保胎防流减少空怀、提高母畜繁殖力具有重要意义。

一、胚胎的早期发育和附植

1.胚胎的早期发育

从受精卵第一次卵裂直至发育成原肠胚的过程，称为胚胎的早期发育。根据早期胚胎发育的形态特征，可将胚胎的早期发育过程分为桑椹胚、囊胚、原肠胚 3 个阶段（图 3-1）。胚胎的早期发育在输卵管内就开始了，受精卵的发育及其进入子宫的时间有明显的种间差异。

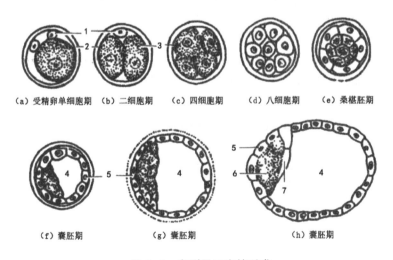

（a）受精卵单细胞期 （b）二细胞期 （c）四细胞期 （d）八细胞期 （e）桑椹胚期

（f）囊胚期 （g）囊胚期 （h）囊胚期

图 3-1 卵裂及胚泡的形成

1—极体；2—透明带；3—卵裂球；4—囊胚腔；5—滋养层；6—内细胞团；7—内胚层

（1）桑椹胚。卵子受精后，受精卵在透明带内开始进行细胞分裂，称为卵裂。当卵裂细胞数达到 16 ～ 32 个时，卵裂球在透明带内形成致密的细胞团，形似桑椹，故称桑椹胚。

（2）囊胚。桑葚胚形成后，卵裂球分泌的液体在细胞间隙积聚，最后在胚胎的中央形成一充满液体的腔——囊胚腔。随着囊胚腔的扩大，多数细胞被挤在腔的一端，称为内细胞团，将来发育成胎儿；而另一部分细胞构成囊胚腔的壁，称为滋养层，以后发育为胎膜和胎盘。在滋养层和内细胞团之间出现囊胚腔。这一发育阶段叫囊胚。

（3）原肠胚。囊胚进一步发育，出现两种变化：①内细胞团外面的滋养层退化，内细胞团裸露，成为胚盘。②在胚盘的下方衍生出内胚层，它沿着滋养层的内壁延伸、扩展，衬附在滋养层的内壁上，这时的胚胎称为原肠胚。在内胚层的发生中，除绵羊是由内细胞团分离出来外，其他家畜均由滋养层发育而来。

原肠胚进一步发育，在滋养层（也称外胚层）和内胚层之间出现中胚层。中胚层进一步分化为体壁中胚层和脏壁中胚层，2 个中胚层之间的腔隙，构成以后的体腔。

3 个胚层的建立和形成，为胎膜和胎体各类器官的分化奠定了基础。

2. 胚胎附植

早期胚胎在子宫内游离一段时间后，由于体积逐渐增大和胚胎内液体的逐渐增加，使胚胎在子宫内的位置逐步固定下来。同时，胚胎的滋养层逐渐和子宫内膜产生组织和生理联系的过程，称为胚胎附植。

（1）附植部位。胚胎在子宫内的附植部位是最有利于胚胎发育的地方，一般选择在子宫血管稠密、营养供应充足的地方。马产单胎时，胚胎常在对侧子宫角的基部附植，产后发情配种受胎时，胚胎常在上次妊娠空角的基部附植；牛、羊怀单胎时，常在排卵侧子宫角的下 1/3 处附植，如果有 2 个胚胎，则每侧子宫角各附植 1 个；猪等多胎动物，会平均等距离分布于两侧子宫角内。

（2）附植时间。胚胎在子宫内的附植是一个渐进的过程，与子宫内膜发生紧密联系的时间差异很大，大体为牛受精后 45 ～ 60 天，马受精后 90 ～ 105 天，猪受精后 20 ～ 30 天，绵羊受精后 10 ～ 20 天。胚胎附植后，便形成了胎盘系统，胎儿与母体之间即靠胎盘进行营养及代谢产物的交换。

二、胎膜和胎盘

1.胎膜

胎膜是位于胎儿与母体子宫内膜之间的卵黄囊、羊膜、尿膜和绒毛膜的总称。胎膜是胎儿和子宫黏膜之间交换气体、养分和代谢产物的临时性器官（图3-2，图3-3），对胚胎和胎儿发育极为重要。其作用是通过与母体子宫黏膜交换养分、气体和代谢产物，满足胎儿的生长发育。

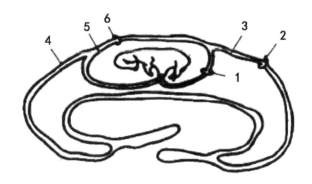

图3-2　猪的胎膜切面

1—尿膜羊膜；2—尿膜绒毛膜；3—尿膜外层；4—绒毛膜；5—羊膜；6—羊毛绒

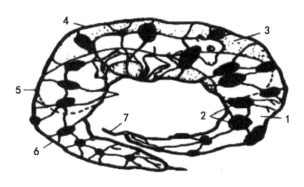

图3-3　牛的胎膜和胎囊

1—尿膜腔；2—子叶；3—羊膜腔；4—羊膜绒毛膜；5—绒毛膜；6—尿膜绒毛膜；7—绒毛膜坏死端

（1）卵黄囊。哺乳动物的卵黄囊由胚胎发育早期的囊胚腔形成，是胚胎发育初期从子宫中吸收养分和排出废物的原始胎盘，一旦尿膜出现其功能即为后者替代。随着胚胎的发育，卵黄囊逐渐萎缩，最后埋藏在脐带里，成为无机能的残留组织，称为脐囊，马中较为明显。

（2）羊膜。羊膜是包裹在胎儿外的最内一层膜，由胚胎外胚层和无血管的中胚层形成。在胚胎和羊膜之间有一充满液体的腔，叫作羊膜腔。羊膜腔内充满羊水，能保护胚胎免受震荡和压力的损伤，同时，还为胚胎提供了向各方面自由生长的条件。羊膜能自动收缩，使处于羊水中的胚胎呈摇动状态，从而促进胚胎的血液循环。

（3）尿膜。尿膜是构成尿囊的薄膜。尿囊通过脐带中的脐尿管与胎儿膀胱相连。尿囊中存有尿水，其功能相当于胚体外临时膀胱，并对胎儿的发育起缓冲保护作用。当卵黄囊失去功能后，尿膜上的血管分布于绒毛膜，成为胎盘的内层组织。随着尿液的增加，尿囊亦增大。奇蹄类尿膜分为内、外两层。内层与羊膜黏合在一起，称为尿膜羊膜；外层与绒毛膜黏合在一起，称为尿膜绒毛膜。牛、羊、猪的尿囊在胎儿的腹侧和两侧包围羊膜囊；马、驴、兔的尿囊则包围整个羊膜囊。

（4）绒毛膜。绒毛膜是胚胎的最外层膜，它包围尿囊、羊膜囊和胎儿。绒毛膜表面分布有大量弥散型（马、驴、猪）或子叶型（牛、羊）的绒毛，富含血管网，并与母体子宫内膜相结合，构成胎儿胎盘。除马的绒毛膜不和羊膜接触外，其他家畜的绒毛膜均有部分与羊膜接触。绒毛膜表面绒毛分布，家畜间不同。绒毛膜的整个形状，家畜间也不同。马的绒毛膜填充整个子宫腔，因而发育成两角一体；反刍动物形成双角的盲囊，孕角较为发达；猪的绒毛膜呈圆筒状，两端萎缩成为憩室。

（5）脐带。脐带是胎儿和胎盘联系的纽带，被覆羊膜和尿膜，其中有两支脐动脉，一支脐静脉（反刍动物有两支），有卵黄囊的残迹和脐尿管。脐动脉含胎儿的静脉血，而脐静脉则来自胎盘，富含氧和其他成分。脐带随胚胎的发育逐渐变长，使胚体可在羊膜腔中自由移动。

2. 胎盘

胎盘通常指由尿膜绒毛膜和子宫黏膜发生联系所形成的一种暂时性的"组织器官"。其中尿膜绒毛膜的绒毛部分为胎儿胎盘，而子宫黏膜部分为母体胎盘。胎儿胎盘和母体胎盘都有各自的血管系统，并通过胎盘进行物质交换。

（1）胎盘的类型。根据不同动物母体子宫黏膜和胎儿尿膜绒毛膜的结构和融合的程度，以及绒毛膜表面绒毛的分布状态，一般将胎盘分为4种类型，即弥散型胎盘、子叶型胎盘、带状胎盘和盘状胎盘（图3-4）。

图3-4　哺乳动物的4种主要胎盘

1—弥散型胎盘；2—子叶型胎盘；3—带状胎盘；4—盘状胎盘

①弥散型胎盘。弥散型胎盘是动物中比较广泛的一种胎盘类型，猪、马和骆驼为此类胎盘。这种类型的胎盘绒毛膜的绒毛均匀地分布在整个绒毛表面，与绒毛相对应的子宫黏膜上形成腺窝，绒毛即插在腺窝中。弥散型胎盘结构简单，绒毛容易从腺窝中脱出。因此，分娩时，胎儿胎盘和母体胎盘分离较快，很少出现胎衣不下现象。但胎儿胎盘和母体胎盘结合不甚牢固，易发生流产。

②子叶型胎盘。子叶型胎盘以牛、羊等反刍动物为代表。胎儿尿膜绒毛膜的绒毛集中形成许多绒毛丛，呈盘状或杯状凸起，称为胎儿子叶。母体子宫内膜上对应分布有子宫阜（母体子叶）。胎儿子叶上的许多绒毛，嵌入母体子叶的许多凹下的腺窝中，称为子叶型胎盘。

这种胎盘结构复杂，母仔联系紧密，分娩时不易发生窒息。牛的子宫阜是凸出的饼状，分娩时胎儿胎盘和母体胎盘分离较慢，多出现胎衣不下现象；而绵羊和山羊的子宫阜是凹陷的，分娩时胎衣容易排出。牛、羊的绒毛和子宫结缔组织相结合，因此，在分娩过程中，当胎儿胎盘脱落时常会带下少量子宫黏膜结缔组织，并有出血现象，又称半蜕膜胎盘。

③带状胎盘。带状胎盘以狗、猫等肉食类为代表，其特征是绒毛膜上的绒毛聚集在一起形成一宽带（宽2.5～7.5厘米），环绕在卵圆形的尿膜绒毛膜囊的中部，子宫内膜也形成相应的母体带状胎盘。由于绒毛膜上的绒毛直接与母体胎盘的结缔组织相接触，因此在分娩过程中，会造成母体胎盘组织脱落，血管破裂出血，又称半蜕膜胎盘。

④盘状胎盘。盘状胎盘以啮齿类和灵长类（包括人）为代表，胎盘呈

圆形或椭圆形。绒毛膜上的绒毛在发育过程中逐渐集中，局限于一圆形区域，绒毛直接侵入子宫黏膜下方血窦内，因此，又称血绒毛型胎盘。分娩时，会造成子宫黏膜脱落、出血，也称蜕膜胎盘。

（2）胎盘的功能。胎盘是一个功能复杂的器官，具有物质运输、合成分解代谢及分泌激素等多种功能，是胎儿防御的屏障。

①胎盘的运输功能。根据物质的性质及胎儿的需要，胎盘采取不同的运输方式。

a. 单纯弥散：物质自高分子浓度区移向低浓度区，直到两方取得平衡。如二氧化碳、氧、水、电解质等都是以此方式运输的。

b. 加速弥散：某些物质的运输率，如以分子量计算，超过单纯弥散所能达到的速度。细胞膜上特异性的载体，与一定的物质结合，以极快的速度，将结合物从膜的一侧带到另一侧。如葡萄糖、氨基酸及大部分水溶性维生素以加速弥散的方式运输。

c. 主动运输：胎儿方面的某些物质浓度较母体高，该物质仍能由母体运向胎儿方面，是因为胎盘细胞内酶的功能作用，才能使该物质穿越胎盘膜。如氨基酸、无机磷酸盐、血清铁钙及维生素等就是这样运输的。

d. 胞饮作用：极少量的大分子物质，如免疫活性物质及免疫过程中极为重要的球蛋白质借这一作用通过胎盘。

②胎盘的代谢功能。胎盘组织内酶系统极为丰富，所有已知的酶类，在胎盘中均有发现。因此，胎盘组织具有高度生化活性，具有广泛的合成及分解代谢功能。胎盘能以醋酸或丙酮酸合成脂肪酸，以醋酸盐合成胆固醇，亦能从简单的基础物质合成核酸及蛋白质，并具有葡萄糖、戊糖磷酸盐、三羧酸循环及电子转移系统。所有这些功能对胎盘的物质交换及激素合成功能无疑都很重要。

③胎盘的内分泌功能。胎盘像黄体一样也是一种暂时性的内分泌器官，既能合成蛋白质激素，如孕马血清促性腺激素、胎盘促乳素，又能合成甾体激素。这些激素合成释放到胎儿和母体循环中，其中一些进入羊水被母体或胎儿重吸收，在维持妊娠和胚胎发育中起调节作用。

④胎盘屏障。胎儿为自身生长发育的需要，既要同母体进行物质交换，又要保持自身内环境同母体内环境的差异，胎盘的特殊结构是实现这种矛盾对立生理作用的保障，称为胎盘屏障。在这一屏障的作用下，尽管

许多物质可以通过和进入胎盘，但是具有严格的选择性。有些物质不经改变就可经过胎盘，在母体血液和胎儿血液之间进行物质交换；有些则必须在胎盘分解成比较简单的物质才能进入胎儿血液；还有一些物质，尤其是有害物质，通常不能通过胎盘。

三、妊娠的维持和妊娠期

1.妊娠的维持

在维持母畜妊娠的过程中，孕酮和雌激素起着重要的作用。排卵前后，雌激素和孕酮含量的变化，是子宫内膜增生、胚泡附植的主要动因。而在整个妊娠期内，孕酮对妊娠的维持则体现了多方面的作用：①抑制雌激素和催产素对子宫肌的收缩作用，使胎儿的发育处于平静而稳定的环境；②促进子宫颈栓体的形成，防止妊娠期间异物和病原微生物侵入子宫，危及胎儿；③抑制垂体 FSH 的分泌和释放，抑制卵巢上卵泡发育和母畜发情；④妊娠后期孕酮水平的下降有利于分娩的发动。

雌激素和孕激素的协同作用可改变子宫基质，增强子宫的弹性，促进子宫肌和胶原纤维的增长，以适应胎儿、胎膜和胎水增长对空间扩张的需求；还可刺激和维持子宫内膜血管的发育，为子宫和胎儿的发育提供营养来源。

2.母畜的妊娠期及预产期推算

（1）妊娠期。妊娠期是母畜妊娠全过程所经历的时间。妊娠期的长短因畜种、品种、胎儿因素、环境条件等的不同有所差异。各种动物的妊娠期如表 3-1 所示。

表 3-1　各种母畜的妊娠期

种类	平均/天	范围/天	种类	平均/天	范围/天
牛	282	276～290	马	340	320～350
水牛	307	295～315	驴	360	350～370
猪	114	102～140	骆驼	389	370～390
绵羊	150	146～161	狗	62	59～65
山羊	152	146～161	家兔	30	28～33

一般早熟品种妊娠期较短。初产母畜、单胎动物怀双胎、怀雌性胎儿以及胎儿个体较大等情况，会使妊娠期相对缩短。多胎动物怀胎数更多

时，会缩短妊娠期。家猪的妊娠期比野猪短，马怀骡时妊娠期延长，小型犬的妊娠期比大型犬短。

（2）妊娠期的推算。在生产实践中，母畜配种妊娠后，快速准确推断其预产期，有助于合理安排饲养管理程序，避免由于预产期推算不准而导致母畜临产期的饲养管理错位，以减少经济损失。各种母畜预产期的推算方法如下。

牛：配种月份减3，配种日数加6。

羊：配种月份加5，配种日数减2。

猪：配种月份加4，配种日数减6；也可按"3、3、3"法，即3月加3周加3日来推算。

马：配种月份减1，配种日数加1。

以奶牛为例，计算方法是月份减3，日五加4，三、四加5，七、十二加6，余加7。即配种月份减3，为预产月份。配种日是五月加4日，三月、四月加5日，七月、十二月加6日，其余月份（一月、二月、六月、八月、九月、十月、十一月）加7日，所得即为预产日。

四、妊娠母畜的生理变化

1.生殖器官的变化

（1）卵巢。有妊娠黄体存在，其体积比周期黄体略大，质地较硬。妊娠黄体持续存在于整个妊娠期分泌孕酮，维持妊娠。妊娠早期，卵巢偶有卵泡发育，致使孕后发情，但多不能排卵而退化，闭锁。马属动物的妊娠黄体在妊娠的160日左右便开始退化，到7个月时仅留痕迹，以后靠胎盘分泌的孕酮维持妊娠。

（2）子宫。随着妊娠期的进展，胎儿逐渐增大，子宫也通过增生、生长和扩展的方式以适应胎儿生长的需要，同时子宫肌层保持着相对静止和平稳的状态，以防胎儿过早排出。

附植前，在孕酮的作用下子宫内膜增生，血管增加，子宫腺增长、卷曲，白细胞浸润；附植后，子宫肌层肥大，结缔组织基质广泛增生，纤维和胶原含量增加；子宫扩展期间，自身生长减慢，胎儿迅速生长，子宫肌层变薄，纤维拉长。

家畜怀单胎时，孕角和空角始终不对称。妊娠的前半期，子宫体积的增大主要是子宫肌纤维的增长；后半期由于胎儿的增大使子宫扩张，子宫壁变薄；妊娠末期，牛、羊扩大的子宫占据腹腔的右半部，致使右侧腹壁在妊娠末期明显突出。马扩大的子宫多偏于左侧。猪在妊娠时扩大的子宫角最长可达 1.5～3 米，曲折位于腹腔的底部。

（3）子宫颈。子宫颈在妊娠期间收缩紧闭，几乎无缝隙。子宫颈内腺体数目增加并分泌浓稠黏液形成栓塞，称为子宫栓，这有利于保胎。牛的子宫颈分泌物较多，妊娠期间有子宫栓更新现象；马、驴的子宫栓较少，子宫栓在分娩前液化排出。

（4）阴道和阴门。妊娠初期，阴门收缩，阴门裂紧闭，阴道干涩；妊娠后期，阴道黏膜苍白，阴唇收缩；妊娠末期，阴唇、阴道水肿柔软，有利于胎儿产出，在猪、牛中表现尤为突出。妊娠中、后期阴道长度有所增加，临近分娩时变得粗短，黏膜充血并微有肿胀。

2.母体的变化

妊娠期间，由于胎儿的发育及母体新陈代谢的加强，孕畜体重增加，被毛光亮，性情温驯，行动谨慎。妊娠后期，胎儿迅速生长发育，母体常不能消化足够的营养物质满足胎儿的需求，需消耗前期存储的营养物质，供应胎儿，往往会造成母畜体内钙、磷含量降低。若不能从饲料中得到补充，则易造成母畜脱钙，出现后肢跛行、牙齿磨损快、产后瘫痪等。妊娠末期，母畜血流量明显增加，心脏负担加重，同时由于腹压增大，致使静脉血回流不畅，常出现四肢下部及腹下水肿。

五、妊娠诊断

妊娠诊断的方法很多，采用一定的方法检查母畜是否妊娠的过程称为妊娠诊断。

（一）早期妊娠诊断的意义

母畜的早期妊娠诊断是提高家畜繁殖效率和提高畜牧业的重要技术措施。母畜配种后，尽早进行妊娠诊断，对于减少空怀、增加畜产品和有效实施动物生产都是相当重要的。妊娠过程中，母体生殖器官、全身新陈代谢和内分泌都发生变化，且在妊娠的各个阶段具有不同特点。妊娠诊断的目的就是借助母体妊娠后所表现出的各种变化来判断是否妊娠以及妊娠进展情况。确定已妊娠的母畜，要加强饲养管理，维持母畜健康，保证胎儿正常发育，防止胚胎早期死亡或流产。确定没有妊娠的母畜，应密切注意下次发情，抓好配种工作，并及时找出其未孕的原因，以便做必要的改进或及时治疗。因此，简便而有效的妊娠诊断方法，尤其是早期妊娠诊断，一向被畜牧兽医工作者所重视。

（二）妊娠诊断的基本方法

1.外部检查法

主要根据母畜妊娠后的行为变化和外部表现来判断是否妊娠。母畜妊娠以后，一般表现为发情周期停止，食欲增进，营养状况改善，毛色润泽光亮，性情变得温驯，行为谨慎安稳；妊娠中期或后期，腹围增大，向一侧突出（牛、羊为右侧，马为左侧，猪为下腹部），乳房胀大，有时牛、马腹下及后肢可出现水肿。牛8个月以后、马驴6个月以后可以看到胎动，即胎儿活动所造成的母畜腹壁的颤动。在一定时期（牛7个月后，马、驴8个月后，猪2.5个月以后）隔着右侧（牛、羊）或左侧（马、驴）或最后两对乳房的上方（猪）的腹壁可以触诊到胎儿。在胎儿胸壁紧贴母体腹壁时，可以听到胎儿的心音，可根据这些外部表现诊断是否妊娠。

外部检查法对牛、马等大家畜来说并不重要，因为有更可靠的直肠检查法。对于猪、羊等中等体型动物，在妊娠中期后，可隔着腹壁直接触及胎儿，较为实用可靠。猪触诊时，可抓痒令母猪卧下，然后再用一只手或两只手在最后两对乳房上壁处前后滑动，触摸是否有硬物而判断；羊触诊时，操作者两腿夹住颈部（或前躯）保定，用双手紧贴下腹壁，以左手在右侧腹壁前后滑动，触摸是否有硬块，有时可以摸到子叶，给予确诊。

上述方法的最大缺点是不能早期进行诊断，同时，没有某一现象时也不能肯定是否未孕。此外，不少马、牛妊娠后，亦有再出现发情的，依此作出未孕的结论将会判断错误。还有的在配种后没有怀孕，但由于饲养管理不当、利用不当、生殖器官炎症，以及其他疾病而不复发情，据此作出怀孕的结论也是不正确的。因此，外部观察法并非一种早期、准确和有效的妊娠诊断方法，常作为早期妊娠诊断的辅助或参考。

2.直肠检查法

直肠检查是隔着直肠壁触诊卵巢、子宫和胚泡的形态、大小和变化。此法普遍应用于大家畜的妊娠诊断，而且是最经济可靠的方法。其优点是在整个妊娠期间均可应用，也是早期妊娠诊断的可靠方法；诊断结果准确，并可大致确定妊娠时间；可发现假妊娠、假发情（妊后发情）、生殖器官一些疾病及胎儿死亡等情况；所需设备简单，操作简便。

判定母畜是否妊娠的重要依据是怀孕后生殖器官的变化，在具体操作时要随妊娠的时间阶段有不同的侧重。妊娠初期，主要以卵巢上黄体的状态、子宫角的形状和质地的变化为主；胚泡形成后，要以胚泡的存在和大小为主；胚泡下沉入腹时，则以卵巢的位置、子宫颈的紧张度和子宫动脉妊娠脉搏为主。

（1）牛的直肠检查。

①检查步骤及方法。首先将牛放在牛栏或诊疗架内保定，使其不能跳跃、蹄蹶。检查前操作者应戴上乳胶或塑料薄膜长筒手套。检查时用一只手握住尾巴并将它拉向一侧，另一只手并拢成为楔形插入肛门，然后缓缓进入直肠，再将手向直肠深部伸入。向直肠深部深入时，可将手握成拳头，这样可以防止损伤肠壁。手臂伸到一定深度时，就可感到活动的空间增大，这时就可触摸直肠下壁，检查其下面的生殖器官。检查时，遇到肠管蠕动收缩，应停止活动，待肠壁收缩波越过手背、肠道松弛时再进行触摸，必要时还要随着收缩波后退，待蠕动停止时再向前伸检查（图3-5）。

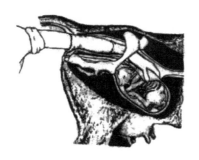

图3-5 牛的妊娠诊断

②妊娠期间生殖器官的变化。母牛未妊娠时，子宫角位于骨盆腔内，

经产牛的子宫角有时位于耻骨前缘或稍垂入腹腔。角间沟清楚，子宫角质地柔软，触之有时有收缩反应，呈卷曲状态。

配种后约一个情期（19～22 日），如果母牛仍未出现发情，可进行第一次直肠检查，但此时子宫角的变化不明显。如卵巢上没有正在发育的卵泡，而在排卵侧有妊娠黄体存在，可初步诊断为妊娠。

妊娠 1 个月时，两侧子宫角已不对称，妊娠侧子宫角比空角略粗大、柔软、壁薄，卷曲状态不明显。稍用力触压，感觉子宫内有波动，收缩反应不敏感，空角较厚且有弹性。

妊娠 2 个月时，角间沟不易辨清，两角大小明显不同，孕角比空角大1～2 倍。孕角壁薄而软，波动明显，可摸到整个子宫。

妊娠 3 个月时，角间沟消失，孕角显著粗大，内有明显波动。子宫开始沉入腹腔，子宫颈前移至耻骨前缘之上，孕角侧子宫动脉增粗，根部出现妊娠脉搏。

妊娠 4 个月时，子宫全部沉入腹腔，子宫颈越过耻骨前缘，一般只能摸到子宫背侧的子叶，偶尔可摸到胎儿漂浮于胎水中，孕侧子宫动脉妊娠脉搏明显。

此后到分娩，子宫进一步扩张，手已无法触到子宫的全部，子叶逐渐增大至胡桃或鸡蛋大小，子宫动脉粗如拇指，双侧都有明显的妊娠脉搏。妊娠后期可触到胎儿肢体。

（2）直肠检查诊断妊娠时可能造成误诊的一些情况。

①干尸化胎儿。有些胎儿死亡后不排出体外，亦不被吸收，而是脱水干尸化。胎儿已干尸化的母畜，妊娠足月时亦看不出任何外部变化。直肠检查时，可感到子宫质地及其内容物硬实，其中没有液体，有时可摸到子宫动脉搏动。月份较大的干尸化的胎儿很难自行排出，长时间停留在子宫内使子宫受到损害。

②子宫内膜炎和子宫积脓（水）。子宫发炎，白细胞增多，大量积聚可引起子宫肿胀，子宫体积增大，子宫有弹性并有可塑性，子宫壁增厚。触诊前可见到阴门流出炎性排泄物，触诊时压迫子宫流出的分泌物会更多。

③粗大的子宫颈。有些畜品种的子宫颈本来就比其他畜品种粗大，初学者可能将其误认为胎儿。

④品种。有些品种牛直肠触摸生殖系统比较容易，如奶牛比较容易触诊。但体型大者较困难，触诊肉牛最为困难，如婆罗门肉牛肠壁特别厚，活动性很小，很难触诊。

⑤肥胖家畜。过肥的家畜，即使有经验的检查者，也很难触诊清楚，因为手在直肠内活动很困难，而且检查时间稍长，使得无力再继续检查。

3.阴道检查法

阴道检查判定母畜是否怀孕的主要依据是由于胚胎的存在，阴道的黏膜、黏液、子宫颈发生了某些变化。这种方法只适用于牛、马等大型动物。主要观察阴道黏膜的色泽、干湿状况，黏液性状（黏稠度、透明度及黏液量），子宫颈形状位置。这些性状的表现，各种家畜基本相同，只是稍有差异。一般于配种后经过一个发情周期以后进行检查，这时如果未妊娠，周期黄体作用已消失，阴道不会出现妊娠时的症状。如果已妊娠，由于妊娠黄体分泌孕酮的作用一般出现以下变化。

（1）阴道黏膜。一般妊娠3周以后，阴道黏膜由粉红变为苍白色，表面干涩无光泽，阴道收缩变紧。

（2）阴道黏液。马、牛妊娠1.5～2个月，子宫颈口处有浓稠的黏液；3～4个月，阴道黏液量增多，为灰白色或灰黄色糊状黏液，马的糊状黏液带有芳香味；6个月后，变得稀薄而透明。羊妊娠20日后，阴道黏液由原来的稀薄、透明变得黏稠，可拉成丝状；若稀薄而量大，颜色呈灰白色脓样为未孕。

（3）子宫颈。妊娠后子宫颈紧闭，有黏液塞于子宫颈口形成子宫栓。随着妊娠的进展，子宫增重向腹腔下沉，子宫颈的位置发生相应的变化。牛妊娠过程中子宫栓有更替现象，被更替的黏液排出时，常黏附于阴门下角，并有粪土黏着，是妊娠的表现之一。马妊娠3周后子宫颈即收缩紧闭，开始子宫栓较少，3～4个月以后逐渐增多，子宫颈阴道部变得细而尖。

阴道检查时，术前准备及消毒工作和发情鉴定的阴道检查法相同，必须认真对待。如果消毒不严，会引起阴道感染；如果操作粗鲁，还会引起孕畜流产，故务必谨慎。

阴道检查所提各项，因个体间差异颇大，所以难免造成误诊，如被检查的母畜有异常的持久黄体或有干尸化胎儿存在时，极易和妊娠症状混淆，而误判为妊娠。当子宫颈及阴道有病理过程时，孕畜又往往表现不出怀孕症状而判为空怀。阴道检查不能确定怀孕日期，特别是它对于早期妊娠诊断不能做出肯定的结论，所以阴道检查法只可作为判断妊娠的参考。

4.免疫学诊断法

免疫学诊断法是指根据免疫化学和免疫生物学的原理所进行的妊娠免疫学诊断。对家畜妊娠免疫学诊断的方法研究虽然较多，但真正在实践中应用得很少。

免疫学妊娠诊断主要依据是母畜妊娠后，胚胎、胎盘及母体组织产生某些化学物质、激素或酶类，其含量在妊娠的过程中具有规律性的变化。同时，其中某些物质可能具有很好的抗原性，能刺激动物产生免疫反应。如果用这些具有抗原性的物质去免疫家畜，会在体内产生很强的抗体，制成抗血清后，只能和其诱导的抗原相同或相近的物质进行特异结合。抗原和抗体的这种结合可以通过两种方法在体外被测定出来。其一是荧光染料和同位素标记，然后在显微镜下定位；其二是利用抗体和抗原结合产生的某些物理性状，如凝集反应、沉淀反应的有无来作为妊娠诊断的依据。

目前，研究较多的有红细胞凝集抑制试验、红细胞凝集试验和沉淀反应等方法。这种方法早期妊娠诊断的准确性和稳定性还有待进一步研究。

5.血或乳中孕酮水平测定法

母畜妊娠后，由于妊娠黄体的存在，在相当于下一个情期到来的时间阶段，其血清和乳中孕酮含量要明显高于未孕母畜。采用放射免疫、蛋白质竞争结合法等测定妊娠母畜血清或乳中孕酮含量，与未妊母畜对比做出妊娠判断。根据被测母畜孕酮水平的实测值很容易做出妊娠或未妊娠的判断。这种方法适于进行早期妊娠诊断，一般其判断妊娠的准确率在80%～95%不等，而对未妊娠判断的准确率常可达到100%。这主要是由于造成被测母畜孕酮水平高的原因很多，诸如持久黄体、黄体囊肿、胚胎死亡或其他卵巢、子宫疾病等，往往造成一定比例的误诊；此外，孕酮测定的药盒标准误差、测定仪器和技术水平等都可能影响诊断的准确性。

一些研究的结果还表明，采用孕酮测定法还可以有效地进行母畜的发情鉴定、持久黄体、胚胎死亡等多项监测。

孕酮测定法所需仪器昂贵，技术和试剂要求精确，适合大批量测定。既因为孕酮测定法从采样到得到结果的时间需要几天，又由于对妊娠诊断的准确率不甚高，推广应用较困难。

6.超声波诊断法

超声波诊断法是采用超声波妊娠诊断仪对母畜腹部进行扫描，观察胚胞液或心动的变化。超声诊断的种类主要有 3 种，即 A 型超声诊断法、多普勒超声诊断法和 B 型超声诊断法。

A 型超声诊断仪可对妊娠 20 日以后的母猪进行探测，30 日以后的准确率可达 93% ～ 100%；绵羊最早在妊娠 40 日才能测出，60 日以上的准确率可达 100%；牛、马妊娠 60 日以上才能做出准确判断。可见该型仪器的诊断时间在妊娠中、后期才能确诊。

多普勒超声诊断仪又称 D 型超声诊断仪，在妊娠诊断中，检测的多普勒信号主要有子宫动脉血流音、胎儿心搏音、脐带血流音、胎儿活动音和胎盘血流音等，适用于妊娠的早期诊断。但是，由于操作技术和个体差异常造成诊断时间偏长、准确率不高等问题，尚待进一步研究。

B 型超声断层扫描简称 B 超，是根据超声波在家畜体内传播时，由于脏器或组织的声阻抗不同，界面形态不同，以及脏器间密度较低的间隙，造成各脏器不同的反射规律，形成各脏器各具特点的声像图。用 B 超可通过探查胎水、胎体或胎心搏动以及胎盘来判断母畜妊娠阶段、胎儿数、胎儿性别及胎儿的状态等。但早期诊断的准确率仍然偏低，对绵羊所做的妊娠检查的结果表明，0 ～ 25 日的准确率只有 12.8%，25 日以后准确率增加到 80%，50 日以上可达 100%。

从上述诸多方法可知，进行妊娠诊断是以配种后一定时间作为检查依据的，因此，对于一个现代化的规模养殖场，做好配种及繁殖情况记录是极为重要的，它们是繁殖管理科学化的重要依据，必须做好原始资料的记录、保存和整理工作。

第二节　分娩助产

所谓分娩就是指妊娠子宫将胎儿和胎衣排出的过程。

一、分娩机理

胎儿发育成熟，分娩自然进行。分娩的发动是由激素、神经和机械性扩张等因素相互配合，共同完成的。目前认为，胎儿下丘脑—垂体—肾上腺轴（系统）对触发分娩具有重要的作用。

试验证明，切除妊娠期间羊的下丘脑、垂体和肾上腺后，可导致妊娠的无限延长。而采用肾上腺皮质素或糖皮质类固醇处理胎羔，可诱发早产。研究证明，由于胎儿垂体分泌促肾上腺皮质素的增加，引起胎儿肾上腺分泌肾上腺皮质素的增加。肾上腺皮质素可促进胎盘雌激素和子宫前列腺素的分泌，从而抑制胎盘孕激素的产生。前列腺素的分泌又促进了卵巢黄体的溶解，并促进子宫平滑肌的收缩。雌激素分泌的增加不仅增强了子宫对刺激的敏感性同时促进催产素的释放。

由于激素、肾上腺素等的分泌和调节，结束了子宫的抑制状态，引起子宫的收缩，于是，分娩发动开始。

1.分娩时母体激素的变化

（1）雌激素。雌激素在妊娠时血液中的量少。绵羊和山羊在妊娠期间，雌激素逐渐增至高峰；牛到分娩发动时才达到高峰。由于雌激素逐渐增至高峰，增强了子宫肌对催产素的敏感性，从而增强了子宫肌自发性收缩作用，克服了孕酮的抑制作用，刺激前列腺素的合成和释放。

（2）孕酮。胎盘及黄体产生的孕酮，对维持怀孕起着极其重要的作用。孕酮通过降低子宫对催产素、乙酰胆碱等催产物质的敏感性，抗衡雌激素，抑制子宫收缩。这种抑制作用一旦被消除，就成为启动分娩的重要诱因。母体（除马外）血液中孕酮浓度的下降恰巧发生在分娩之前，这是由于胎儿糖皮质类固醇刺激子宫合成前列腺素，抑制孕酮的产生所致。

（3）催产素。催产素能使子宫发生强烈的阵缩。它是由神经垂体释放的。开始时，分泌量不大，但胎儿排出时达到高峰，然后又下降。催产素的释放有两个方面的原因：一方面是由于妊娠后期，雌激素升高孕酮下降，而激发神经垂体释放；另一方面是由于子宫颈或阴道受到刺激，反射性地引起神经垂体分泌催产素。

（4）前列腺素。主要是指来自子宫静脉的前列腺素。子宫静脉前列腺素在产前 24 日达到高峰。其作用是：①直接刺激子宫肌，引起子宫肌收缩。②某些 PG 溶解黄体，使孕酮量下降，从而减弱对子宫肌收缩的抑制作用。③促进神经垂体释放催产素。

2.神经因素

神经系统对分娩并不是完全必需的，但对于分娩过程具有调节作用，如胎儿的前置部分对子宫颈及阴道产生刺激，通过神经传导使神经垂体释放催产素。此外很多家畜的分娩多半发生在晚间，这时外界的光线及干扰减少，中枢神经易于接收来自子宫及软产道的冲动信号。这说明外界因素可以通过神经系统对分娩发生作用。

3.机械作用

妊娠后期，由于胎儿逐渐增大，使子宫容积也增大，张力提高，子宫内压也升高，子宫肌纤维高度伸张。达到一定程度时，反射性地引起子宫收缩，产生分娩这种刺激作用。

由于子宫壁扩张后，胎盘血液循环受阻，胎儿所需氧气及营养得不到满足，产生窒息性刺激，引起胎儿强烈反射性活动，而导致分娩。一般双胎比单胎怀孕期较短，如胎儿发育不良，则妊娠期延长。

二、决定分娩过程的因素

胎儿分娩正常与否，主要取决于产力、产道及胎儿 3 个方面。

1.产力

将胎儿从子宫中排出的力量叫作产力。它是由子宫肌和腹肌的有节律地收缩共同构成的，包括阵缩和努责。

（1）阵缩。子宫肌的收缩称为阵缩，是分娩过程中的主要动力。它的收缩是由子宫底部开始向子宫颈方向进行，呈波浪式，每两次收缩之间出现一定的间隙，收缩和间隙交替进行。这是由于乙酰胆碱及催产素的作用时强时弱造成的，这对胎儿的安全非常有利。子宫壁收缩时，血管受到压迫，胎盘上的血液循环及氧的供给发生障碍；间隙时，子宫肌松弛，血管所受压迫解除，血液循环及氧的供给得以恢复。如果子宫持续收缩而没有间隙，胎儿在排出过程中就会因为缺氧而死亡。

（2）努责。腹壁肌和膈肌收缩产生的力量称为努责，是胎儿产出的辅助动力。努责是伴随阵缩随意性进行的，阵缩与努责同间隙定期反复地出现，并随产程进展收缩加强，间隙时间缩短。

2.产道

（1）产道的构成。产道是分娩时，胎儿由子宫内排出所经过的道路。它分为软产道和硬产道。

①软产道。包括子宫颈、阴道、阴道前庭和阴门。在分娩时，子宫颈逐渐松弛，直至完全开张。阴道、阴道前庭和阴门也能充分松弛扩张。

②硬产道。指骨盆，主要由荐骨和3个尾椎、髋骨（包括髂骨、坐骨、耻骨）及荐坐韧带构成骨盆腔。母畜骨盒和公畜骨盆相比，母畜骨盆的特点是入口大而圆，倾斜度大，耻骨前缘薄；坐骨上棘低，荐坐韧带宽；骨盆腔的横径大；骨盆底前部凹，后部平坦宽敞；坐骨弓宽，因而出口大。所有这些变化都是母畜对于分娩的适应。骨盆分为以下4个部分。

a.入口。是骨盆的腹腔面，斜向前下方。它是由上方的荐骨基部、两侧的髂骨及下方自耻骨前缘所围成。骨盆入口的形状大小和倾斜度对分娩时胎儿通过的难易程度有很大的影响，入口较大而倾斜，形状圆而宽阔，胎儿易通过。

b.骨盆腔。是骨盆入口至出口之间的腔体。骨盆腔的大小取决于骨盆腔的垂直径及横径，垂直径是由骨盆联合前端向骨盆顶所作的垂线，横径是两侧坐骨上棘之间的距离。

c.出口。是由第1尾椎、第2尾椎、第3尾椎和两侧荐坐韧带后缘以及下方的坐骨弓围成。

d.骨盆轴。是通过骨盆腔正中心的一条假想线，它代表胎儿通过骨盆腔时所走的路线，骨盆轴越短越直，胎儿通过越容易。分娩时，胎儿即沿骨盆轴移引。马的骨盆轴是 3 条线的中点连线，即耻骨联合前端至岬部的连线、骨盆腔的垂直径、骨盆联合后端向荐骨后端所作的连线。马的骨盆轴稍向上凸，接近水平，有利于分娩。牛的骨盆轴，先向上，然后水平，再向上，成一条曲折线，因此，牛分娩较困难。各种母畜骨盆轴如图 3-6 所示。

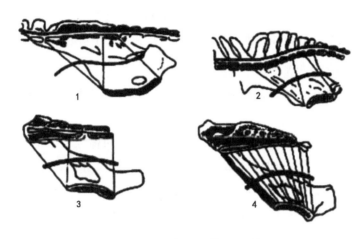

1—牛；2—马；3—猪；4—羊

图 3-6　各种母畜骨盆轴

（2）各种母畜的骨盆特点。

①牛。骨盆入口呈竖椭圆形，倾斜度小，骨盆底下凹，荐骨突出于骨盆腔内，骨盆侧壁的坐骨上棘很高而且斜向骨盆腔。因此，横径小，荐坐韧带窄，坐骨粗隆很大，妨碍胎儿通过。牛的骨盆轴是先向上再水平然后又向上，形成一条曲折的弧线。因此，胎儿通过较难。

②马。入口圆而斜，底平坦，轴短而直。坐骨上棘小，荐骨韧带宽阔，骨盆横径大。出口坐骨粗隆较低，胎儿易通过。

③猪。坐骨粗隆发达，且后部较宽，入口大，髂骨斜，骨盆轴向后下倾斜，近于直线，胎儿易通过。

④羊。与牛相似，但入口倾斜度比牛大，荐骨不向骨盆腔突出，坐骨粗隆较小，骨盆底平坦，骨盆轴与马相似，呈直线或缓曲线，胎儿易通过。

（3）分娩姿势对骨盆腔的影响。分娩时母畜多采取侧卧姿势，这样使胎儿更接近并容易进入骨盆腔。腹壁不负担内脏器官及胎儿的质量，使腹壁的收缩更有力，增大对胎儿的压力。

分娩顺利与否和骨盆腔的扩张关系很大，而骨盆腔的扩张除受骨盆韧带，特别是荐坐韧带的松弛程度影响外，还与母畜立卧姿势有关。因为荐骨尾椎及骨盆部的韧带是臀中肌、股二头肌（马、牛）、半腱肌和半膜肌（马）的附着点。母畜站立时，这些肌肉紧张，将荐骨后部及尾椎向下拉紧，使骨盆腔及出口的扩张受到限制；而母畜侧卧便于两腿向后挺直，这些肌肉则松弛，荐骨和尾椎向上活动，骨盆腔及其出口就能开张。

3.分娩时胎儿与母体的关系

分娩过程正常与否，和胎儿与骨盆之间以及胎儿本身各部位之间的相互关系密切。

（1）胎向，指胎儿的方向，就是胎儿纵轴与母体纵轴的关系。胎向有3种。①纵向胎儿纵轴与母体纵轴相互平行。纵向又分为纵头向和纵尾向，纵头向是正生，胎儿的前肢和头部先进入产道（图3-7，图3-8）；纵尾向是倒生，胎儿的后肢和尾部先进入产道（见图3-9，图3-10）。②横向。胎儿横卧于子宫内，就是胎儿的纵轴与母体纵轴是水平的垂直（图3-11）。③竖向。胎儿的纵轴向上与母体的纵轴垂直，胎儿腹部或背部向着产道，称为腹竖向（图3-12，图3-13）或背竖向（图3-14）。纵向是正常的胎向，横向和竖向是反常的。

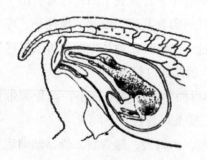 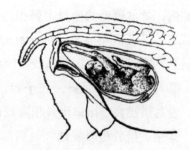

图3-7　纵头向上位（正生）　　　　图3-8　纵头向下位（正生）

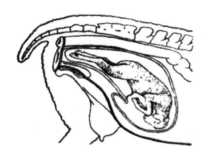

图 3-9　纵尾向上位（倒生）

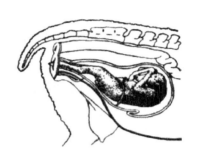

图 3-10　纵尾向下位（倒生）

图 3-11　胎儿横向

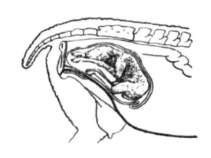

图 3-12　腹部前置的竖向（头向上）

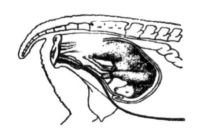

图 3-13　腹部前置的竖向（头向下）

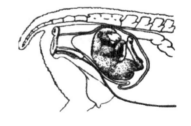

图 3-14　背部前置的竖向（头向上）

（2）胎位，指胎儿的背部和母体的背部的关系。胎位有 3 种。①上位：胎儿俯卧在子宫内，背部朝上，靠近母体的背部及荐部。②下位：胎儿仰卧在子宫内，背部朝下，靠近母体的腹部及耻骨。③侧位：胎儿侧卧于子宫内，背部位于一侧，靠近母体左或右侧腹壁及髂骨。上位是正常的，下位和侧位都是不正常的。侧位如果倾斜不大，称为轻度侧位，仍可正常。胎位因家畜种类不同而有差异，并与子宫的解剖特点有关。马的子宫角大弯向下，胎位一般为下位；牛、羊的子宫角大弯向上，胎位以侧位为主，有的为上位；猪的胎位也以侧位为主。

（3）胎势，指胎儿在母体内的姿势，即各部位之间的关系是伸直的或屈曲的。胎儿正常的姿势在正生时是两前腿伸直，头也伸直，并且放在两条前腿的上面；侧生时两后腿伸直。

（4）前置（先露），指胎儿的某些部分和产道的关系，哪一部分向着产道，就叫哪一部分前置。如正生可以叫作前躯前置，倒生可以叫作后躯前置。

（5）分娩时胎位和胎势的变化。分娩时，胎向不发生变化，但胎位和胎势则必须改变，使其纵轴成为细长，并适应骨盆腔的情况，有利于分娩。这种改变主要是靠阵缩压迫胎盘血管，胎儿处于供氧不足状态，发生反射性挣扎所致。分娩前多数为下位或侧位，分娩时变为上位，头腿的姿势由屈曲变为伸直（图3-15）。

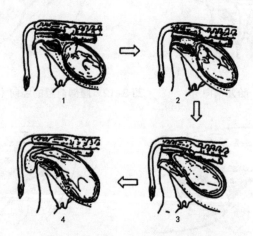

图3-15　正常分娩时胎位、胎势示意

1—纵向下位；2—头、前肢后伸；3—纵向侧位；4—纵向上位

一般家畜分娩时，胎儿多是纵向，头部前置，马占98%～99%、牛约占95%、羊约占70%、猪约占54%。牛、羊双胎时，多为一个正生，一个倒生；猪常常是正、倒交替产出。

（6）分娩时母畜采取的最佳姿势。母畜站立时，荐坐韧带不能放松，对开放产道不利。因而母畜在分娩的最紧要关头（即排出胎儿膨大部时），往往自动蹲下或侧卧，减少对荐坐韧带压力的同时，增加对产道的排出推力，因而侧卧对母畜来说是最有利的。

但在难产时，如发生胎儿姿势异常，为使胎儿能被推回腹腔矫正，一般使母畜呈站立姿势。如果母畜由于疲劳而不能站立，常用垫草抬高后躯。

三、分娩过程

1.分娩预兆

母畜分娩前，在生理和形态上发生一系列变化，对这些变化进行全面观察，可以预测分娩时间，做好助产准备。

（1）精神状态。母畜在产前有精神抑郁及徘徊不安、时起时卧等现象。

产畜都有离群寻找安静地方分娩的情况，猪在产前6～12小时（有时数天）有衔草做窝现象，尤其是地方品种猪。母兔在产前则拉毛做窝。奶牛产前7～8日，体温可缓慢增高到39～39.5℃；产前12小时左右（有时3日），则下降0.4～1.2℃，分娩过程中或产后又恢复到分娩前的体温。另外母畜临产前食欲不振，排泄量少且次数增多。

（2）乳房复化。产前乳房膨胀增大，皮肤发红，奶牛、猪在产前几天可挤出少量清亮胶样液体。

（3）子宫颈。子宫颈在分娩前1～2日开始肿大、松软。原来封闭子宫颈管的黏液软化，从阴门中流出，呈透明、拉长的线状。

（4）阴道。阴道黏膜潮红，黏液由浓度黏稠变为稀薄滑润。阴唇逐渐柔软、肿胀、增大，阴唇皮肤上的皱襞展平，皮肤稍变红。

（5）骨盆韧带，柔软松弛。

2.分娩过程

整个分娩期是从子宫开始出现阵缩起，至胎衣排出为止。人为地将分娩期分为3个时期，即开口期、产出期和胎衣出期。

（1）开口期，是从子宫开始间歇性收缩起，到子宫颈口完全开口，与阴道之间的界限完全消失为止。特点是只有阵缩而不出现努责。初产孕畜表现：食欲不振、轻度不安、时起时卧、徘徊运动、尾根翘起、常作排尿姿势、呼吸脉搏加快，但经产孕畜一般表现不安。持续时间：牛0.5～24小时，绵羊3～7小时，猪2～12小时。

（2）胎儿产出期，从子宫完全开张至胎儿排出为止。其特点是阵缩和努责共同作用，而努责是排出胎儿的主要力量，它比阵缩出现得晚，停止得早。临床表现：高度不安、时起时卧、前肢着地后肢踢腹、回顾腹部、呼吸和脉搏加快，最后侧卧，四肢伸直，强烈努责。持续时间：牛 3～4 小时，绵羊 1 小时，猪产出期的持续时间根据胎儿数目及其间隔时间而定，第 1 个胎儿排出较慢，从母猪停止起卧到排出第 1 个胎儿为 10～60 分钟，以后间隔时间，我国品种为 2～3 分钟，引进品种较长平均为 11～17 分钟。

牛、羊和猪的脐带一般都是在胎儿排出时就从皮肤脐环之下被扯断；马卧下分娩时则不断，等母马站起幼驹挣扎时，才被扯断。

（3）胎衣排出期，从胎儿排出后起，到胎衣完全排出为止。胎衣是胎膜的总称，其特点是当胎儿排出后，母畜即安静下来，经过几分钟后子宫主动收缩，有时还配合轻度努责而使胎衣排出。持续时间：牛、马 2～8 小时，最长不超过 12 小时，绵羊 0.5～4 小时，猪 0.5 小时，马 5～90 分钟。

四、正常分娩的助产

（一）助产前的准备

提前对产房进行卫生消毒。根据配种卡片和分娩征兆，分娩前一周转入产房。铺垫柔软干草，消毒外阴部，尾巴拉向一侧。准备必要的药品及用具：肥皂、毛巾、刷子、绷带、消毒液（新洁尔灭、来苏尔、酒精和碘酒）、产科绳、镊子、剪子、脸盆、诊疗器械及手术助产器械。母畜多在夜间分娩，应做好夜间值班，遵守卫生操作规程。

（二）正常分娩的助产

一般情况下，正常分娩不需要人为干预。助产人员的主要任务在于监视分娩情况和护理仔畜。助产人员要清洗母畜的外阴部及其周围，并用消毒药水擦洗。马、牛需用绷带缠好尾根，拉向一侧系于颈部。在产出期开始时，穿好工作服及胶围裙、胶靴，消毒手臂，准备做必要的检查工作。若是胎膜未破、姿势正常、母力尚可，则应稍加等待；若是胎膜已破、姿势异常、母力不佳，均应尽快助产。

助产时应注意检查母畜全身情况，尤其是眼结膜、可视黏膜、体温、呼吸、脉搏等。为了防治难产，当胎儿前置部分进入产道时，可将手臂消毒后伸入产道，进行检查，确定胎儿的方向、位置及姿势是否正常。如果胎儿正常，正生时三件（唇、二蹄）俱全，可自然排出。此外，还可检查母畜骨盆有无变形，阴门、阴道及子宫颈的松软程度，以判断有无产道反常而发生难产的可能。

当胎儿唇部或头部露出阴门外时，如果上面盖有羊膜，可帮助撕破，并把胎儿鼻腔内的黏液擦净，以便于呼吸。但不要过早撕破，以免胎水过早流失。

阵缩和努责是仔畜顺利分娩的必要条件，应注意观察。胎头通过阴门困难时，尤其当母畜反复努责时，可沿骨盆轴方向帮助慢慢拉出，但要防止会阴撕裂。

猪在分娩时，有时两胎儿的产出时间拖长。这时如无强烈努责，虽产出较慢，但对胎儿的生命没有影响；如曾强烈努责，但下一个胎儿并不立即产出，则有可能窒息死亡。这时可将手臂及外阴消毒后，把胎儿掏出来；也可注射催产药物，促使胎儿早排出来。

（三）对新生仔畜的处理

（1）断脐。胎儿产出后，将其鼻孔、口腔内羊水擦净，并观察其呼吸是否正常，然后断脐。

（2）处理脐带。胎儿产出后，脐血管由于前列腺素的作用而迅速封闭。所以处理脐带的目的并不在于防止出血，而是希望断端及早干燥，避免细菌侵入。结扎和包扎会妨碍断端中液体的渗出及蒸发，而且包扎物浸上污水后反而容易感染断端，不宜采用。只要在脐带上充分涂以碘酒或最好在碘酒内浸泡，每天一次，即能很快干燥。碘酒除有杀菌作用外，对断端也有鞣化作用。

（3）擦干身体。将幼畜身上的羊水擦干，天冷时尤需注意。牛羊可由母畜自然舔干，这样母畜可以吃入羊水，增强子宫的收缩，加速胎衣的脱落。对头胎羊需注意，不要擦羔羊的头颈和背部，否则母羊可能不认羔羊。

（4）扶助仔畜站立，帮助吃初乳。新生仔畜产出不久即试图站起，但是最初一般站不起来，宜加以扶助。在仔畜接近母畜乳房以前，最好先挤出 2～3 把初乳，然后挤净乳头，让它吮吸。

（5）检查胎衣是否完整和正常，以便确定是否有部分胎衣不下和子宫内是否有病理变化。胎衣排出后，应立即取走，以免母畜吞食后引起消化紊乱。特别要防止母猪吞食胎衣，否则会养成母食仔猪的恶癖。

（6）供给母畜足够的温水或温麸皮水。产后数小时，要观察母畜有无强烈努责，强烈努责可引起子宫脱出，要注意看护防治。

五、难产及其救助

（一）难产的分类

在母畜分娩过程中，如果母畜产程过长或胎儿排不出体外，称为难产。根据引起难产的原因不同，可将难产分为产力性难产、产道性难产、胎儿性难产。

1. 产力性难产

阵缩及努责微弱；阵缩及破水过早及子宫疝气。

2. 产道性难产

子宫位置不正；子宫颈、阴道及骨盆狭窄；产道肿瘤。

3. 胎儿性难产

胎儿过大、过多；胎儿姿势不正（头、前后肢不正）；胎儿位置不正（侧位、下位）；胎儿方向不正（竖向、横向）。

在以上 3 种难产中，以胎儿性难产最为多见，在牛的难产中约占34%；在马、驴难产中可达 80%；猪以胎儿过大引起的难产较多。在临床中，往往难产的出现并不是由单一因素引起的，如子宫颈狭窄伴以胎儿姿势反常、前肢和头部姿势可能同时发生不正等。在各种家畜中，由于牛的骨盆比较狭窄，骨盆轴不像马那么直而短，分娩时不利于胎儿通过，所以难产要比马、羊多见。

（二）难产的检查

为了判明难产的原因，除了检查母畜全身状况外，必须重点对产道及胎儿进行检查。

1.产道检查

主要检查是否干燥，有无损伤、水肿或狭窄，子宫颈开张程度（母、牛子宫颈开张不全较多见），硬产道有无畸形、肿瘤，并注意流出的液体和气味。

2.胎儿检查

不仅了解其进入产道的程度、正生或倒生以及姿势、胎位、胎向的变化，而且要判定胎儿是否存活。

检查的要领是正生时，将手指伸入胎儿口腔，或轻拉舌头，或按压眼球，或牵拉刺激前肢，注意有无生理反应，如口吸吮、舌收缩、眼转动、肢伸缩等；也可触诊颌下动脉或心区，有无搏动。倒生时最好触到脐带查明有无搏动，或将手指伸入肛门，或牵拉后肢，注意有无收缩或反应。如胎儿已死亡，助产时可不顾忌胎儿的损伤。

（三）难产的救助原则和方法

1.难产的救助原则

难产的种类复杂，助产的方法也较多。但不管是哪一种难产的助产，都必须遵守一定的操作原则。助产的目的不仅是保住母畜的性命、救出活的胎儿，还要尽量避免产道的感染和损伤，尽量保证母仔平安，必要时可舍仔保母。

2.难产救助的方法

发现母畜难产，首先查明难产的原因及种类，对症助产。

（1）产力性难产。可用催产素或拽住胎儿的前置部分，将胎儿拉出体外。

（2）产道性难产。硬产道狭窄及子宫颈有疤痕，可实行剖宫产；软产道轻度狭窄造成的难产，可向产道内灌注石蜡油，然后缓慢地强行拉出胎儿，并注意保护会阴，防止撕裂。

（3）胎儿性难产。胎儿过大单独引起的难产，可用强行拉出胎儿的办法救助，如拉不出则实行剖宫产；如胎儿死亡，可实行截胎手术；对胎势、胎向、胎位异常引起的难产，应先加以矫正，然后拉出胎儿；矫正有困难时，可实行剖宫产或截胎手术。

3.实施难产救助时应注意的问题

（1）助产时，尽量避免产道的感染和损伤，注意器械的使用和消毒。

（2）母畜横卧保定时，尽量将胎儿的异常部分向上，以利于操作。

（3）为了便于推回或拉出胎儿，尤其是产道干燥，应向产道内灌注润滑剂，如肥皂水或油类。

（4）矫正胎儿反常姿势，应尽量将胎儿推回到子宫内，否则产道容积有限不易操作，推回的时机应在阵缩的间歇期。前置部分最好拴上产科绳。

（5）拉出胎儿时，应随母畜的努责而用力，对大家畜人数不宜过多，并在操作者统一指挥下试探进行。注意保护会阴，特别是初产母牛胎头通过阴门时，会阴容易撕裂。

（四）难产预防

难产虽不是十分常见的疾病，但极易引起仔畜死亡，若处理不当，容易使母畜子宫及软产道受到损伤或感染。轻者影响生育，重者危及生命。一般预防措施如下。

（1）切忌母畜过早配种。否则由于母畜尚未发育成熟，分娩时容易发生骨盆狭窄，造成难产。

（2）妊娠期间合理饲养。对母畜进行合理饲养，给予完善营养以保证胎儿的生长和维持母畜的健康，减少分娩时发生难产的可能性。怀孕末期，适当减少蛋白质饲料，以免胎儿过大。

（3）安排适当的使役和运动。提高母畜对营养物质的利用，使全身及子宫肌的紧张性提高。这样分娩时有利于胎儿的转位，防止胎衣不下及子宫复位不全等。

（4）做好临产检查。对分娩正常与否做出早期诊断。牛是从开始努责到胎膜露出或排出胎水这一段时间；马、驴是尿膜囊破裂，尿水排出之后，胎儿的前置部分进入骨盆腔的时间。将手臂及母畜的外阴消毒后，手伸入阴门，隔着羊膜（不要过早撕破，以免胎水流失，影响胎儿的排出）或伸入羊膜（羊膜已破时）触诊胎儿。如果摸到胎儿是正生，前置部分

（头及两前肢）正常，可任其自然排出；如有异常应及时矫正，此时胎儿的躯体尚未楔入骨盆腔，难产的程度不大，胎水尚未流尽，子宫内滑润，矫正容易。如马、牛的胎头侧弯较常见，在产出期，这种反常只是头稍微偏斜，稍加扳动，即可拉直。

六、产后母畜及新生仔畜的护理

（一）产后恢复

产后恢复指胎盘排出，母体生殖器官恢复到正常未孕的阶段，此阶段是子宫内膜再生、子宫复原和重新开始发情周期的关键时期。

1.子宫内膜再生

分娩后，子宫黏膜表层发生变性、脱落，由新生的黏膜代替曾作为母体胎盘的黏膜。在再生过程中，变性的母体胎盘、白细胞、部分血液及残留在子宫内的胎水、子宫腺分泌物等被排出，这种混合液体称为恶露。产后头几天，恶露量多，因含血液而呈红褐色，以后变为黄褐色，最后变为无色透明，停止排出。正常恶露有血腥味，但不臭。恶露排尽时间：马为2～3日、牛为10～12日、绵羊为5～6日、山羊为14日左右、猪为2～3日。恶露排出时间延长，且色泽气味反常或呈脓样，表示子宫内有病理变化。

牛子宫阜表面上皮，在产后12～14日通过周围组织增殖开始再生，一般在产后30日内才全部完成；马产后第一次发情时，子宫内膜高度瓦解并含有大量白细胞，一般产后13～25日子宫内膜完成再生；猪子宫上皮的再生在产后第1周开始，第3周完成。

2.子宫复原

子宫复原指胎儿、胎盘排出后，子宫恢复到未孕时的大小。子宫复原时间：牛为30～45日、马为产驹1个月之后、绵羊为24日、猪为28日。

3.发情周期的恢复

（1）牛。卵巢黄体在分娩后才被吸收，因此产后第一次发情较晚。若产后哺乳或增加挤奶次数，发情周期的恢复就更长。一般产犊后，卵泡发育及排卵常发生于前次未孕角一侧的卵巢。

（2）猪。分娩后黄体很快退化，产后3～5日便可出现发情，但因此时正值哺乳期，卵泡发育受到抑制，所以不排卵。

（二）新生仔畜的护理

新生仔畜出生以后由母体进入外界环境，生活条件骤然发生改变，由通过胎盘进行气体交换转变为自行呼吸，由原来通过胎盘获得营养物质和排泄物变为自行摄食、消化及排泄。此前胎儿在母体子宫内时，环境的温度相当稳定，不受外界有氧条件的影响。更重要的是，新生仔畜的各部分生理机能还很不完全。为使其逐渐适应外界环境，必须做好护理工作。

1.防止脐带感染

脐带感染后，出血脓肿，严重时产生脓性败血症而死亡。新生仔畜的脐带断端，一般产后一周左右便自然干燥脱落，但仔猪产后24小时即干燥脱落。为防止脐带感染，首先应避免新生仔畜间互相吸吮，其次垫草要干燥清洁。

2.保温

新生仔畜体温调节能力差，体内能源物质储备少，对极端温度反应敏感。尤其是在冬季，应密切注意防寒保温。例如，采用红外线保育箱（伞）、火坑（墙、炉）、暖气片或空调等，确保产房温度适宜。

3.早吃和吃足初乳

母畜产后头几天排出的乳汁称为初乳，初乳中会有大量的抗体，可以增强机体的抵抗力。初乳中镁盐含量较多，可以软化和促进胎粪排出。初乳营养完善，含有丰富的营养物质。如含有大量的维生素A，有助于防止下痢；含有大量的蛋白质，无需经过消化可直接被吸收。

4.预防疾病

由于遗传、免疫、营养、环境等因素以及分娩的影响，仔畜在生后不久多发疾病，如脐带闭合不全、白肌病、溶血病、仔猪低血糖、先天性震颤等。因此，应积极采取预防措施。一是做好配种时的种畜选择；二是加强妊娠期间的饲养管理；三是注意环境卫生。对于发病者针对其特征及时进行救治。

（三）母畜产后护理

母畜在分娩和产后期，生殖器官发生了很大变化。分娩时，子宫收缩，子宫颈开张松弛，在胎儿排出的过程中产道黏膜表层有可能受损伤；分娩后，子宫内沉积大量恶露，为病原微生物的侵入和繁衍创造了条件，降低了母畜机体的抵抗力。因此，对产后的母畜要加强护理，以使其尽快恢复正常，提高抵抗力。

母畜产后最初几天要给予品质好、易消化的饲料，约1周后即可转为正常饲养。在产后如发现尾根、外阴周围黏附恶露时，要清洗和消毒，并防止蚊、蝇叮咬，垫草要经常更换。分娩后要随时观察母畜是否有胎衣不下、阴道或子宫脱出、产后瘫痪和乳房炎等病理现象，一旦出现异常现象，要及时诊治。

分娩后的母畜会有口渴现象，在产后要准备好新鲜清洁的温水，以便在母畜产后及时给予补水。饮水中最好加入少量食盐和麸皮，以增强母畜体质，促进母畜健康恢复。

第四章　畜禽的繁殖调节与控制技术

　　家畜禽从精（卵）子产生、初情期、性成熟、配种、受精、妊娠直到分娩，所有的生殖活动都是在生殖激素的调节下进行的。当母畜因生理或病理原因引起乏情时，可以利用外源激素、药物或通过改进饲养管理措施，人为干预母畜个体或群体的发情排卵过程，即可通过诱导发情、同期发情或超数排卵等技术途径进行调控。为了提高母畜繁殖效率，根据妊娠发生的生理基础，可以实施妊娠控制，目前较为成熟的妊娠控制技术是胚胎移植，俗称"借腹怀胎"。根据分娩发动的机理，可以通过直接补充外源激素或其他方法模拟孕畜分娩发动时的激素变化，终止妊娠或者提前启动分娩，从而达到为实现某种特殊情况而实施诱导分娩的目的。

第一节　生殖激素的应用

一、生殖激素概述

（一）生殖激素的概念

激素是由动物机体产生，经体液循环或空气传播等途径作用于靶器官或靶细胞，具有调节机体生理机能的一系列的微量生物活性物质。它是细胞与细胞之间相互交流、传递信息的一种工具。其中与动物性器官、性细胞、性行为等的发生和发育以及发情、排卵、妊娠、分娩和泌乳等生殖活动有直接关系的激素，统称为生殖激素。

（二）生殖激素与动物繁殖的关系

畜禽生殖活动是一个极为复杂的过程，如公畜精子的发生及交配活动，母畜卵子的发生、成熟和排出，生殖细胞的运行，发情的周期性变化，母畜的妊娠、分娩及泌乳等，所有这些生殖活动都与生殖激素有着密切的关系。一旦生殖激素分泌作用失调，必将导致畜禽繁殖机能的紊乱，出现繁殖障碍，甚至不育。近年来，许多提纯及人工合成的生殖激素在畜牧生产中已得到广泛应用，如发情控制、胚胎移植等技术都离不开生殖激素，妊娠诊断、分娩控制、某些不孕症的治疗也往往借助于生殖激素。

（三）生殖激素的种类

生殖激素按来源可分为丘脑释放激素、垂体促性腺激素、胎盘促性腺激素、性腺激素4类（表4-1）；按化学性质可分为含氮激素（蛋白质多肽类激素）、类固醇类激素和脂肪酸类激素3类；按功能可分为释放激素、促性腺激素和性腺激素3类。

表4-1　生殖激素的种类、来源和主要生理功能

种类	名称	简称	来源	化学结构	主要生理作用
释放激素	促性腺激素释放激素	GnRH	下丘脑	十肽	促进腺垂体合成，释放促黄体素和促卵泡激素
	促乳素释放因子	PRF	下丘脑	多肽	促进腺垂体，释放促乳素
	促乳素抑制因子	PIF	下丘脑	多肽	抑制腺垂体，释放促乳素
	促甲状腺素释放激素	TRH	下丘脑	三肽	促进腺垂体，释放促乳素和甲状腺素
垂体促性腺激素	促卵泡激素	FSH	腺垂体	糖蛋白质	促进卵泡发育和精子发生
	促黄体素	LH	腺垂体	糖蛋白质	促使排卵、形成黄体并分泌孕酮，促使精子成熟
	促乳素	PRL或LTH	腺垂体	糖蛋白质	促进黄体分泌孕酮，刺激乳腺发育，促进睾酮分泌
胎盘促性腺激素	孕马血清促性腺激素	PMSG	马属动物尿囊绒毛膜	糖蛋白质	与促卵泡激素作用相似
	人绒毛膜促性腺激素	HCG	灵长类胎盘绒毛膜	糖蛋白质	与促黄体素作用相似
性腺激素	雌激素	E	卵巢	类固醇	促进母畜的发情行为、第二性征和雌性动物的乳腺发育，刺激生殖器官的发育
	孕激素	P_4	卵巢	类固醇	维持妊娠，维持子宫腺体及乳腺泡发育，对促性腺激素的分泌有抑制作用
	雄激素	A	睾丸	类固醇	促进精子发生、第二性征的表现，维持性欲，促进副性腺的发育等
	松弛素	RX	卵巢、子宫	蛋白质	促进雌性哺乳动物子宫颈开张，使坐骨韧带和耻骨联合松弛，有利于分娩
其他激素	前列腺素	PG	子宫及其他	脂肪酸	溶解黄体，促进子宫收缩等
	外激素	PHE	外分泌器官	脂肪酸、萜烯类等	影响动物的性行为和性活动
	催产素	OXT	神经垂体	九肽	促进子宫收缩和乳汁排出

（四）生殖激素的运转

1.含氮激素

由腺体内产生后，常常暂时储存于分泌腺体中，当机体需要时，再从腺体静脉输出管释放到邻近的毛细血管中。

2. 类固醇类激素

此激素边分泌边释放至血液中，但此类激素多数与血浆中的特异载体蛋白结合。如雌二醇或睾酮都和某种球蛋白质相结合，这种球蛋白质存在于雌雄个体的血浆中。

3. 脂肪酸类激素

此激素一般是在机体需要时才分泌出来，随时分泌随时利用，并不储存。这类激素主要是在局部发挥作用，进入血液循环中则很少，只有个别的如前列腺素能对全身起作用。

（五）生殖激素的作用特点

生殖激素在动物体内的作用归纳起来有如下特点。

1. 在血液中其活性丧失很快

生殖激素通过血液作用于一定的组织和器官，在血液中消失很快，但作用持续、缓慢，具有积累作用。例如，孕酮注射到家畜体内，在 10 ～ 20 分钟就有 90% 从血液中消失。但其作用要在若干小时甚至数天内才能显示出来。

2. 量小作用大

微量的生殖激素就可以引起很大的生理变化。如 1 皮克（10^{-12} 克）的雌二醇，直接作用到阴道黏膜或子宫内膜上就可以引发明显的变化。母牛在妊娠时每毫升血液中只含有 6 ～ 7 纳克（1 纳克 = 10^{-9} 克）的孕酮，而产后含有 1 纳克，两者只有 5 ～ 6 纳克的含量差异，就可以导致母牛的妊娠和非妊娠之间的明显生理变化。

3. 具有明显的选择性

各种生殖激素均有其一定的靶组织或靶器官，靶器官或靶细胞中的特异性受体（内分泌激素）或感受器（外激素）结合后才能产生生物学效应。如促性腺激素作用于性腺（睾丸和卵巢）、雌激素作用于乳腺管道、孕激素作用于乳腺腺泡等。

4. 具有协同和抗衡作用

某些生殖激素间对某种生理现象有协同作用，如子宫的发育要求雌激素和孕酮的共同作用，母畜的排卵现象就是促卵泡激素和促黄体素协同作用的结果。又如，雌激素能引起子宫兴奋，增加蠕动，而孕酮可以抵消这种兴奋作用，减少孕酮或增加雌激素都可能引起家畜流产，这说明了两者之间存在着抗衡作用。

5.无种间特异性

即生物界的生殖激素的功能都是一致的。

二、生殖激素的功能与应用

动物的生殖活动是一个复杂的过程，所有生殖活动都与生殖激素的功能和作用有着密切的关系。随着生殖科学的迅速发展，人类利用生殖激素控制动物繁殖过程，消除繁殖障碍，进一步促进动物繁殖潜力开发，促进规模化养殖，加快品种改良，提高了畜牧业生产水平。

（一）促性腺激素释放激素（GnRH）

1.来源与特性

（1）来源：GnRH 主要由下丘脑某些神经细胞所分泌，松果体、胎盘也有少量分泌。

（2）特性：从猪、牛、羊的下丘脑提纯的促性腺激素释放激素由 10个氨基酸组成，人工合成的比天然的少 1 个氨基酸，但其活性大，有的比天然的高出 140 倍左右。

2.生理功能

（1）合成与释放促性腺激素。GnRH 的主要功能是促使腺垂体合成和释放促性腺激素，其中主要以释放促黄体素（LH）为主，也有释放促卵泡激素（FSH）的作用。由于释放 LH 的作用比 FSH 快，而且变化幅度大，有明显的分泌高峰，所以又称其为促黄体素释放激素（LHRH）。

（2）刺激排卵。GnRH 能刺激各种动物排卵。用电刺激兔丘脑下部的腹侧可激发 GnRH 的释放，从而引起大量 LH 和少量 FSH 的分泌，使卵巢上的卵泡进一步发育、排卵。

（3）促进精子生成。GnRH 可促使雄性动物精液中的精子数增加，使精子的活动能力和精子的形态有所改善。

（4）抑制生殖系统机能。当长期大量应用 GnRH 时，具有抑制生殖机能甚至抗生育作用，如抑制排卵、延缓胚胎附植、阻碍妊娠、引起睾丸卵巢萎缩以及阻碍精子生成等。

（5）有垂体外作用。促性腺激素可以在垂体外的一些组织中直接发生作用，而不经过垂体的促性腺激素途径。如直接作用于卵巢影响性激素的合成，或直接作用于子宫、胎盘等。

3. 应用

促性腺激素释放激素分子结构简单，易于大量合成。目前，人工合成的高活性类似物已广泛用于调整家畜生殖机能紊乱和诱发排卵。如牛卵巢囊肿时，每天用 100 克，可使前叶分泌 LH，促使卵泡囊肿破裂，使牛正常发情而繁殖；用促性腺激素释放激素 2～4 毫克静脉注射或肌内注射，能使 4～6 天不排卵的母马在注射后 24～28 小时内排卵；用 150～300 微克 GnRH 静脉注射可使母羊排卵。此外，GnRH 类似物可提高家禽的产蛋率和受精率，还可诱发鱼类排卵。

（二）促卵泡激素（FSH）

1. 来源与化学特性

（1）来源：促卵泡激素又称卵泡刺激素或促卵泡成熟素，简称 FSH。其在下丘脑促性腺激素释放激素的作用下，由腺垂体促性腺激素腺体细胞产生。

（2）化学特性：促卵泡激素是一种糖蛋白质激素，分子量大，猪约为 29 000 单位，绵羊为 25 000～30 000 单位，溶于水。其分子由 α 亚基和 β 亚基组成，并且只有在两者结合的情况下才有活性。

2. 生理功能

（1）对母畜可刺激卵泡的生长发育。促卵泡激素能提高卵泡壁细胞的摄氧量，增加蛋白质的合成；促进卵泡内膜细胞分化，促进颗粒细胞增生和卵泡液的分泌。一般来说，促卵泡激素主要影响生长卵泡的数量。在促黄体素的协同下，促使卵泡内膜细胞分泌雌激素，激发卵泡的最后成熟，诱发排卵并使颗粒细胞变成黄体细胞。

（2）对公畜可促进生精上皮细胞发育和精子形成。促卵泡激素能促进曲精细管的增大，促进生殖上皮细胞分裂，刺激精原细胞增殖，而且在睾酮的协同作用下促进精子形成。

3. 应用

（1）提早动物的性成熟。对接近性成熟的雌性动物和孕激素配合应用，可提早发情配种。

（2）诱发泌乳乏情的母畜发情。对产后 4 周的泌乳母猪及 60 天以后的母牛，应用 FSH 可提高发情率和排卵率，缩短其产犊间隔。

（3）超数排卵。为了获得大量的卵子和胚胎，应用 FSH 可使卵泡大量发育和成熟排卵。牛、羊应用 FSH 和 LH，平均排卵数可达 10 枚左右。

（4）治疗卵巢疾病，FSH 对卵巢机能不全或静止、卵泡发育停滞或交替发育及多卵泡发育均有较好疗效，如母畜不发情、安静发情、卵巢发育不全、卵巢萎缩、卵巢硬化、持久黄体等（对幼稚型卵巢无反应）其用量为：牛、马为 200 ~ 450 国际单位（国产制剂，下同）；猪为 50 ~ 100 国际单位，肌注，每日或隔日一次，连用 2 ~ 3 次。若与 LH 合用，效果更好。

（5）治疗公畜精液品质不良。当公畜精子密度不足或精子活率低时，应用 FSH 和 LH 可提高精液品质。

（三）促黄体素（LH）

1. 来源与化学特性

（1）来源：促黄体素又称黄体生成素，简称 LH，是由腺垂体促黄体素细胞产生的。

（2）化学特性：促黄体素也是一种糖蛋白质激素，其分子量牛、绵羊为 30 000u，而猪为 100 000u。其分子由 α 亚基和 β 亚基组成。促黄体素的提纯品化学性质比较稳定，在冻干时不易失活。

2. 生理功能

（1）对母畜的作用。和 FSH 协同，促进卵泡的成熟和排卵，刺激卵泡内膜细胞产生雄性激素，可促进卵巢血流加速；在 FSH 作用的基础上，LH 突发性分泌能引起排卵和促进黄体的形成，并能促进牛、猪等动物的黄体释放孕酮。

（2）对公畜的作用。可刺激睾丸间质细胞合成和分泌睾酮，促进副性腺和精子的最后成熟。

各种家畜垂体中，FSH 和 LH 的含量比例不同，与家畜生殖活动的特点有密切的关系。如母牛垂体中 FSH 最低，母马的最高，猪和绵羊介于两者之间。就两种激素的比例来说，牛、羊的 FSH 显著低于 LH，而马的恰恰相反，母猪的介于中间。这种差别关系影响不同家畜发情期的长短、排卵时间的早晚、发情表现的强弱以及安静发情出现的多少等。

3.应用

促黄体素主要用于诱导排卵和治疗排卵障碍、卵巢囊肿、早期胚胎死亡或早期习惯性流产等症，如母畜发情期过短、久配不孕，公畜性欲不强、精液和精子量少等。在临床上常以人绒毛膜促性腺激素代替促黄体素，因其成本低，且效果较好。

近年来，我国已有了垂体促性腺激素 FSH 和 LH 商品制剂，并在生产中使用，取得了一定效果。在治疗马、驴和牛卵巢机能异常方面，一般用 FSH 治疗多卵泡发育，卵泡发育停滞，持久黄体；用 LH 治疗卵巢囊肿，排卵迟缓，黄体发育不全；用两种激素（FSH + LH）治疗卵巢静止或卵泡中途萎缩。所用剂量：牛每次肌内注射 100 ~ 200 单位，马为 200 ~ 300 国际单位，驴为 100 ~ 200 国际单位。一般 2 ~ 3 次为一疗程，每次间隔时间马、驴为 1 ~ 2 天，牛为 3 ~ 4 天。

此外，这两种激素制剂还可用于诱发季节性繁殖的母畜在非繁殖季节发情和排卵。在同期发情处理过程中，配合使用这两种激素，可增进群体母畜发情和排卵的同期率。

（四）促乳素（PRL）

1.来源与特性

（1）来源：促乳素又称催乳素和促黄体分泌素，简称 PRL，由腺垂体嗜酸性细胞产生。

（2）特性：促乳素是一种蛋白质激素，其分子量羊为 23 300 单位，猪为 25 000 单位。不同家畜促乳素的分子结构、生物活性和免疫活性都十分相似。

2.生理功能

促乳素的生理作用,因动物种类不同而有显著区别。从家畜生理的角度看,它的主要生理作用如下。

(1)促进乳腺的机能。它与雌激素协同作用于乳腺导管系统,与孕酮共同作用于腺泡系统,刺激乳腺的发育,与皮质类固醇激素一起激发和维持泌乳活动。

(2)促使黄体分泌孕酮。

(3)对公畜具有维持睾丸分泌睾酮的作用,并与雌激素协同,刺激副性腺的发育。

3.应用

目前,较多使用于促进某些母性行为,如鸟类的就巢性和鸟类的反哺行为等。

(五)催产素(OXT)

1.来源与特性

(1)来源:催产素是在下丘脑视上核和室旁核内合成的,并由神经垂体储存和释放的物质。

(2)特性:由9个氨基酸组成的多肽类激素。

2.生理功能

(1)能强烈地刺激子宫平滑肌收缩,促进分娩完成。

(2)能使输卵管收缩频率增加,有利于两性配子运行。

(3)它是排乳反射的重要环节,能引起排乳。

3.应用

催产素在临床上常用于促进分娩机能,治疗胎衣不下和产后子宫出血,以及促进子宫排出其他异物。在人工授精的精液中加入催产素,可加速精子运行,提高受胎率。

(六)孕马血清促性腺激素(PMSG)

1.来源与特性

(1)来源:孕马血清促性腺激素主要存在于孕马的血清中,它是由马、驴或斑马子宫内膜的"杯状"组织分泌的。一般妊娠后 40 天左右开始出现，60 天时达到高峰，此后可维持至第 120 天，然后逐渐下降，至第 170 天时几乎完全消失。血清中 PMSG 的含量因品种不同而不同，轻型马最高（每毫升血液中含 100 国际单位），重型马最低（每毫升血液中含 20 国际单位），兼用品种马居中（每毫升血液中含 50 国际单位）。在同一品种中，也存在个体间的差异。此外，胎儿的基因型对其分泌量影响最大，如驴怀骡分泌量最高，马怀马次之，马怀骡再次之，驴怀驴最低。

（2）特性：PMSG 是一种糖蛋白质激素，含糖量很高，达 41% ～ 45% 其分子量为 53000u。PMSG 的分子不稳定，高温、酸、碱等都能引起失活，分离提纯也比较困难。

2. 生理功能

PMSG 具有类似 FSH 和 LH 的双重活性，但以 FSH 的作用为主，故它的主要功能表现在以下几个方面。

（1）有明显促进卵泡发育的作用。

（2）有一定的促排卵和黄体形成的功能。

（3）促使公畜精细管发育和性细胞分化。

3. 应用

（1）催情。PMSG 对于各种动物均有促进卵泡发育，引起正常发情的效果。

（2）刺激超数排卵、增加排卵数。PMSG 来源广，成本低，作用缓慢，半衰期较 FSH 长，故应用广泛。但因系糖蛋白质激素，多次持续使用易产生抗体而降低超排效果。在生产中常与 HCG 配合使用。

（3）促进排卵，治疗排卵迟滞。在临床上对卵巢发育不全、卵巢机能衰退、长期不发情、持久黄体以及公畜性欲不强和生精机能减退等，疗效显著。

（七）人绒毛膜促性腺激素（HCG）

1. 来源与特性

（1）来源：人绒毛膜促性腺激素由孕妇胎盘绒毛的合胞体层产生，约在受孕第 8 天开始分泌，妊娠第 60 天左右时升至最高，至第 150 天左右时降至最低。

（2）特性：HCG 是一种糖蛋白激素，分子量为 36700 单位，其化学结构与 LH 相似。

2. 生理功能

HCG 的功能与 LH 很相似，可促进母畜性腺发育，促进卵泡成熟、排卵和形成黄体；对公畜能刺激睾丸曲精细管精子的发生和间质细胞的发育。

3. 应用

目前应用的 HCG 商品制剂由孕妇尿液或流产刮宫液中提取，是一种经济的 LH 代用品。在生产上主要用于防治母畜排卵迟缓及卵泡囊肿，增强超数排卵和同期发情时的同期排卵效果。对公畜睾丸发育不良和阳痿也有较显著的治疗效果。常用的剂量：猪为 500～1000 国际单位，牛为 500～1500 国际单位，马为 1000～2000 国际单位。

（八）雄激素

1. 来源与特性

（1）来源：在雄激素中最主要的形式为睾酮，由睾丸间质细胞所分泌。肾上腺皮质部、卵巢、胎盘也能分泌少量雄激素，但其量甚微。公畜摘除睾丸后，不能获得足够的雄激素以维持雄性机能。睾酮一般不在体内存留，很快被利用或分解，并通过尿液或胆汁、粪便排出体外。

（2）特性：属于类固醇激素，基本化学结构式为"环戊烷多氢菲"。

2. 生理功能

（1）刺激精子发生，延长附睾中精子的寿命。

（2）促进雄性副性器官的发育和分泌机能，如前列腺、精囊、尿道球腺、输精管、阴茎和阴囊等。

（3）促进雄性第二性征的表现，如骨骼粗大、肌肉发达、外表雄壮等。

（4）促进公畜的性行为和性欲表现。

（5）雄激素量过多时，通过负反馈作用抑制下丘脑或垂体分泌 GnRH

和 LH，结果雄激素分泌减少，以保持体内激素的平衡状态。

3. 应用

在临床上主要用于治疗公畜性欲不强和性机能减退。常用制剂为丙酸睾酮，其使用方法及使用剂量如下：皮下埋藏，牛 0.5 ～ 1.0 克，猪、羊 0.1 ～ 0.25 克；皮下或肌内注射，牛 0.1 ～ 0.3 克，猪、羊 0.1 克。

（九）雌激素（E_2）

1. 来源与特点

（1）来源：雌激素主要产生于卵巢，在卵泡发育过程中，由卵泡内膜和颗粒细胞分泌。此外，胎盘、肾上腺和睾丸（尤其是公马）也可产生一定量的雌激素。卵巢分泌的雌激素主要是雌二醇和雌酮，而雌三酮为前两者的转化产物。雌激素与雄激素一样，不在体内存留，而经降解后从尿、粪排出体外。

（2）特性：一种类固醇，雌激素可由雄激素衍生而成。

2. 生理功能

雌激素是促使母畜性器官正常发育和维持母畜正常性机能的主要激素。其中最主要的雌二醇有以下生理功能。

（1）在发情时促使母畜表现发情和生殖道的一系列生理变化，如促使阴道上皮增生和角质化，以利交配；促使子宫颈管道松弛，并使其黏液变稀，以利交配时精子通过；促使子宫内膜及肌层增长，刺激子宫肌层收缩，以利精子运行和妊娠；促进输卵管增长和刺激其肌层活动，以利于精子和卵子运行。

（2）促进尚未成熟的母畜生殖器官的生长发育，促进乳腺管状系统的生长发育。

（3）促使长骨骺部骨化，抑制长骨生长，因此，一般成熟母畜的个体较公畜小。

（4）促使公畜睾丸萎缩，副性器官退化，最后造成不育。

（5）雌激素对下丘脑或垂体分泌 GnRH、FSH 和 LH，具有反馈调节作用，以保持体内激素处于平衡状态。

3.应用

近年来，合成类雌激素很多，主要有己烯雌酚、丙酸己烯雌酚、二丙酸雌二醇、乙烯酸、双烯雌酚等。它们具有成本低、使用方便、吸收排泄快、生理活性强等特点，因此成为非常经济的天然雌激素的代用品，在畜牧生产和兽医临床上广泛应用。其主要用于促进产后胎衣或木乃伊化胎儿的排出，诱导发情，与孕激素配合可用于牛、羊的人工诱导泌乳，还可用于公畜的"化学去势"，以提高肥育性能和改善肉质。合成类雌激素的剂量，因家畜种类和使用方法及目的不同而不同。以己烯雌酚为例，肌内注射时，猪为 3～10 毫克，马、牛为 5～25 毫克，羊为 1～3 毫克；皮下埋藏时，牛为 1～2 克，羊为 30～60 毫克。

（十）孕激素（P）

1.来源

孕酮为最主要的孕激素，主要由卵巢中黄体细胞分泌。多数家畜，尤其是绵羊和马，妊娠后期的胎盘为孕酮更重要的来源。此外，睾丸、肾上腺、卵泡颗粒层细胞也有少量分泌。在代谢过程中，孕酮最后降解为孕二醇，排出体外。

2.生理功能

在自然情况下孕酮和雌激素共同作用于母畜的生殖活动，通过协同和抗衡进行着复杂的调节作用。若单独使用孕酮，有以下特异效应。

（1）促进子宫黏膜层加厚，子宫腺增大，分泌功能增强，有利于胚泡附植。

（2）抑制子宫的自发性活动，降低子宫肌层的兴奋作用，可促使胎盘发育，维持正常妊娠。

（3）促使子宫颈口和阴道收缩，子宫颈黏液变稠，以防异物侵入，有利于保胎。

（4）大量孕酮对雌激素有抗衡作用，可抑制发情活动，少量则与雌激素有协同作用，促进发情表现。

3.应用

孕激素多用于防止功能性流产，治疗卵巢囊肿、卵泡囊肿等，也可用于控制发情。孕酮本身口服无效，但现已有若干种具有口服、注射效能的合成孕激素物质，其效果远远大于孕酮。如甲羟孕酮（MAP）、甲地孕酮（MA）、氯地孕酮（CAP）、氟孕酮（FGA）、炔诺酮、16—次甲基甲地孕酮（MGA）、18—甲基炔诺酮等。生产中常制成油剂用于肌内注射，也可制成丸剂用于皮下埋藏或制成乳剂用于阴道栓。其剂量一般为：肌内注射，马和牛 100 ～ 150 毫克，绵羊 10 ～ 15 毫克，猪 15 ～ 25 毫克；皮下埋藏，马和牛 1 ～ 2 克，分若干小丸分散埋藏。

（十一）松弛素（RLX）

1. 来源

松弛素主要产生于妊娠期的黄体，但子宫和胎盘也可以产生。猪的松弛素主要来源于黄体，而兔主要来源于胎盘。松弛素是一种水溶性多肽类，其分泌量随妊娠时间而逐渐增长，在妊娠末期含量达到高峰，分娩后从血液中消失。

2. 生理功能

松弛素是协助家畜分娩的一种激素。但它必须在雌激素和孕激素预先作用下，促使骨盆韧带、耻骨联合松弛，子宫颈口开张，子宫肌肉舒张，增加子宫水分含量，以利于分娩时胎儿的产出。

在生理条件下，由于松弛素必须在雌激素和孕激素预先作用后才能发挥显著作用，而单独的作用较小，在使用时应注意这一点。

3. 应用

由于松弛素能使子宫肌纤维松弛，宫颈扩张，可用于诱导分娩等。

（十二）前列腺素（PG）

1. 来源与特性

（1）来源：1934 年，有人分别在人、猴、山羊和绵羊的精液中发现了前列腺素。当时设想此类物质可能由前列腺分泌，故命名为前列腺素（PG）。后来发现 PG 是一组具有生物活性的类脂物质，而且几乎存在于身体各种组织中，并非由专一的内分泌腺产生，其主要来源于精液、子宫内膜、母体胎盘和下丘脑。

（2）特性：前列腺素在血液循环中消失很快，其作用主要限于邻近组织，故被认为是一种局部激素。

2. 结构与种类

（1）结构：前列腺素的基本结构式为含有 20 个碳原子的不饱和脂肪酸。

（2）种类：根据其化学结构和生物学活性的不同，可分为 A、B、C、D、E、F、G、H、I 等型和 PG_1、PG_2、PG_3 三类。在动物繁殖过程中有调节作用的主要是 PGE 和 PGF 两类，目前用得最多的是 PGE_2 和 $PGF_{2\alpha}$。

3. 生理功能

不同类型的前列腺素具有不同的生理功能。在调节家畜繁殖机能方面，最重要的是 PGF，其主要功能如下。

（1）溶解黄体。PGF 型对动物（包括灵长类）的黄体具有明显的溶解作用，E 型次之。由子宫内膜产生的 $PGF_{2\alpha}$ 通过逆流传递机制，由子宫静脉透入卵巢动脉而作用于黄体，促使黄体溶解，使孕酮分泌减少或停止，从而促进发情。

（2）促进排卵。$PGF_{2\alpha}$ 可触发卵泡壁降解酶的合成，同时也由于刺激卵泡外膜组织的平滑肌纤维收缩增加了卵泡内压力，导致卵泡破裂和卵子排出。

（3）与子宫收缩和分娩活动有关。PGE 和 PGF 对子宫肌都有强烈的收缩作用，子宫收缩（如分娩时），血浆 $PGF_{2\alpha}$ 的水平立即上升。PG 可促进催产素的分泌，并提高怀孕子宫对催产素的敏感性。PGE 可使子宫颈松弛，有利于分娩。

（4）提高精液品质。精液中的精子数和 PG 的含量成正比，并能够影响精子的运行和获能。PGE 能够使精囊平滑肌收缩，引起射精。PG 可以通过精子体内的腺苷酸环化酶使精子完全成熟，获得穿过卵子透明带使卵子受精的能力。

（5）有利于受精。PG 在精液中含量最多，对子宫肌肉有局部刺激作用，使子宫颈舒张，有利于精子的运行通过。$PGF_{2\alpha}$ 能够增加精子的穿透力和驱使精子通过子宫颈黏液。

4.应用

天然前列腺素提取较困难，价格昂贵，而且在体内的半衰期很短。如以静脉注射体内，1分钟内就可被代谢95%，生物活性范围广，使用时容易产生副作用；而合成的前列腺素则具有作用时间长、活性较高、副作用小、成本低等优点，所以目前广泛应用其类似物，主要应用于以下几个方面。

（1）调节发情周期。$PGF_{2\alpha}$及其类似物，能显著缩短黄体的存在时间，控制各种家畜的发情周期，促进同期发情，促进排卵。$PGF_{2\alpha}$的剂量：肌内注射或子宫内灌注，牛为 2～8 毫克，猪、羊为 1～2 毫克。

（2）人工引产。由于 $PGF_{2\alpha}$ 的溶黄体作用，对各种家畜的引产有显著的效果，用于催产和同期分娩。$PGF_{2\alpha}$ 的用量：牛为 15～30 毫克，猪为 25～10 毫克，绵羊为 25 毫克，山羊为 20 毫克。

（3）治疗母畜卵巢囊肿与子宫疾病，如子宫积脓、干尸化胎儿、无乳症等。剂量：牛为 15～30 毫克，猪为 25～10 毫克。

（4）可以增加公畜的射精量，提高受胎率。

（十三）外激素

1.来源与特性

外激素是由外激素腺体释放的。外激素腺体在动物体内分布很广泛，主要有皮脂腺、汗腺、唾液腺、下颌腺、泪腺、耳下腺、包皮腺等。有些家畜的尿液和粪便中亦含有外激素。

外激素的性质因分泌动物的种类不同而不同。如公猪的外激素有两种：第一种是由睾丸合成的有特殊气味的类固醇物质，储存于脂肪中，由包皮腺和唾液腺排出体外；第二种是由颌下腺合成的有麝香气味的物质，经由唾液中排出。羚羊的外激素含有戊酸，具有挥发性；昆虫的外激素有40多种，多为乙酸化合物。各种外激素都含有挥发性物质。

2.应用

哺乳动物的外激素，大致可分为信号外激素、诱导外激素、行为激素等。对家畜繁殖来说，性行为外激素（简称性外激素）比较重要，主要应用于以下几方面。

（1）母猪催情。据试验，给断奶后第 2 天、第 4 天的母猪鼻子上喷洒合成外激素 2 次，能促进其卵巢机能的恢复。青年母猪给以公猪刺激，则能使初情期提前到来。

（2）母猪的试情。母猪对公猪的性外激素反应非常明显。如利用雄烯酮等合成的公猪性外激素，发情母猪则表现静立反应，发情母猪的检出率在 90% 以上，而且受胎率和产仔率均比对照组要高。

（3）公畜采精。使用性外激素，可加速公畜采精训练。

（4）其他。性外激素可以促进牛、羊的性成熟，提高母牛的发情率和受胎率。外激素还可以解决猪群的母性行为和识别行为，为寄养提供方便。

三、生殖激素的分泌与调节

家畜的生殖活动是在神经系统、内分泌系统与生殖系统之间形成的一条中枢神经—下丘脑—垂体—性腺调节轴的调节下有规律地进行着。下丘脑周围的一部分中枢神经系统将接收的外界信号，如光照、温度、异性刺激等传递到下丘脑，使之分泌 GnRH。GnRH 经下丘脑—垂体门脉系统作用于腺垂体，促使腺垂体分泌促性腺激素。促性腺激素作用于性腺（卵巢和睾丸），使之产生性腺激素。性腺激素作用于生殖器官，促进生殖器官的生长发育，使家畜表现生殖活动。另外，垂体激素可以通过反馈作用调节下丘脑释放激素的分泌。同样，性腺激素也可通过反馈作用调节下丘脑和垂体相应激素的释放，这样就在中枢神经、下丘脑、脑垂体和性腺之间形成了一条密切相连的轴线系统，即中枢神经—下丘脑—垂体—性腺调节轴。

第二节　母畜发情控制

通过某些外源激素或药物人为地控制和调整母畜的个体或群体发情并排卵的技术，称为发情控制技术。发情控制的目的是缩短母畜繁殖周期，提高母畜产仔能力（如使牛由产单胎变双胎等），从而提高养殖者的生产效益。发情控制分为诱导发情、同期发情和超数排卵等。

一、诱导发情

诱导发情是指通过人工方法使母畜发情并排卵的技术，主要用于乏情母畜的发情和配种，如季节性发情的绵羊、哺乳期的母猪以及产后长期不发情的奶牛等。利用诱导发情技术，可以缩短产仔间隔，增加产仔数和胎次；可以调整产仔季节，使奶畜在一年内均衡产奶；对于季节性发情的动物，可使其在全年的任何季节都可发情；可以降低卵巢囊肿、持久黄体等病理性乏情所带来的繁殖损失，从而提高家畜的繁殖力。

（一）诱导发情技术的原理

母畜乏情可分为生理性和病理性两种。生理性乏情表现为卵巢上既无卵泡发育，也没有黄体存在，卵巢处于静止状态，如初情期前的母畜、在非发情季节的季节性发情动物；病理性乏情主要由卵巢机能紊乱引起的，如卵巢囊肿、持久黄体等原因使母畜不能表现出正常的性周期。

诱导发情就是根据生殖激素对母畜发情调控的基础上，利用外源性生殖激素或环境条件的刺激，通过内分泌和神经作用，激发卵巢活动，促使卵巢从相对静止状态转变为机能性活跃状态，从而促使卵泡的正常生长发育，以恢复母畜正常发情与排卵。

（二）诱导发情常用的激素

诱导发情所涉及的激素主要有促卵泡激素（FSH）、促黄体素（LH）、孕马血清促性腺激素（PMSG）、人绒毛膜促性腺激素（HCG）、促性腺激素释放激素（GnRH）、催产素（OXT）、雌激素（E_2）及其类似物、孕激素（P_4）及其类似物、前列腺素（PG）及其类似物和性外激素等。

（三）各种家畜的诱导发情技术

1.母牛的诱导发情

在畜牧生产实践中，牛的诱导发情主要采用激素处理方法。

（1）孕激素处理法。青年母牛初情期后长时间不发情和母牛产后长期不发情或暗发情主要是由于缺乏孕激素所致。经过孕激素长期处理后，可以增强卵泡对促性腺激素的敏感性。同时孕激素对下丘脑、垂体促性腺激素有抑制作用，解除孕激素后，这种抑制消除，下丘脑和垂体促性腺激素分泌恢复正常，从而诱导发情。如果在孕激素处理结束时，给予一定量的PMSG或FSH，效果更明显。

生产实践中常用的给药方式有以下两种。

①放置阴道栓。目前广泛使用的阴道栓有3种类型：一种为螺旋状，称为孕酮阴道释放装置（PRD）；另一种为发泡硅橡胶的棒状Y形装置，即孕酮阴道硅胶栓，商品为CIDR；还有一种为阴道海绵栓。孕激素阴道栓处理的时间多是9～12天，孕激素处理结束后，大多母牛可在第2～4天发情。

②皮下埋植。孕激素也可以通过耳背皮下植埋的方式给药，埋植期间，孕激素从细管中缓慢地释放出来而被吸收，从而发挥作用。

（2）PMSG处理法。当乏情母牛卵巢上无黄体存在时，给予一定量的PMSG（750～1500U或促性腺激素3～3.5IU/千克），可促进卵子泡发育和发情。5天内仍未发情的可再次处理。

（3）GnRH及其类似物。乏情母牛卵巢上无黄体存在时，可用GnRH类似物LRH-A2或LRH-A3，剂量为50～100微克的GnRH肌注，处理2～3次。

（4）前列腺素法。利用前列腺素的溶黄体作用治疗家畜持久黄体引起的乏情和暗发情。用氯前列烯醇0.5毫克肌内注射或0.1毫克子宫注入，母牛一般在给药3～5天发情，注射后80小时人工授精或者分别在72小时和 96 小时两次人工授精，妊娠率可达 60%。

（5）催产素法。催产素可溶解黄体，在青年母牛发情周期的第 3～6 天，每天皮下注射 100 国际单位；对于成年泌乳牛，在发情周期的第 1～6 天，每天上、下午各肌内注射 200 国际单位，可使 80% 以上的母牛在 10 天内发情。

（6）初乳诱导。初乳中含有大量的生物活性物质，以及包括雌激素在内的各种激素，例如，利用产后 1 小时的初乳诱导奶牛的发情效果与"三合激素"（每毫升含睾丸素 25 毫克、黄体酮 12.5 毫克、苯甲酸雌二醇 1.25 毫克）的效果基本相同，且无副作用，成本低廉。

2. 母羊的诱导发情

大多数羊属于季节性发情，在休情期内或产羔不久进行诱导发情处理，可获得明显的效果。

（1）PMSG 单独处理法。给母羊肌内注射 500～1000 国际单位的 PMSG，只需注射 1 次即可。

（2）孕激素联合 PMSG 处理法。用孕激素制剂连续处理 9～12 天，用量为 12mg/ 天，在用药结束前 1～2 天或停药当天，注射孕马血清促性腺激素 500～1000IU，即可引起发情、排卵。

（3）补饲催情。在母羊发情季节到来之际，加强饲养管理，提高营养水平，补充优质蛋白质饲料和维生素饲料添加剂，除可以促进母羊发情，使发情期提前到来外，还可增加排卵数。

（4）公羊效应。公羊头颈部被毛释放出来的性外激素能够刺激母羊促性腺激素（FSH 和 LH）的释放，进而促进母羊卵泡发育和排卵，即产生所谓的公羊效应。利用这个效应，在发情季节到来之前的数周，在母羊群中放入一定数量的公羊，可以刺激母羊的卵巢活动，使非繁殖季节的乏情母羊提早 6 周进入发情周期。

（5）控制日照时间。在温带地区，母绵羊在日照时间开始缩短的季节发情，所以可通过人为地控制日照时间，逐渐缩短日照时间，使母羊提早进入发情期。山羊发情的季节性没有绵羊明显，一般不需要在非繁殖季节进行诱导发情。对于产羔后长时间不发情的，可采用上述诱导绵羊发情的方法处理。

（6）初乳诱导。初乳诱导羊发情原理同牛。

3.母猪的诱导发情

（1）PMSG 联合 PG 处理法。断奶后长期不发情的母猪，肌内注射 750～1000IU 的 PMSG，2 天后肌内注射 200 克的 PG，处理后一般 7 天内发情。

（2）提前断奶。对哺乳母猪，提前断奶可诱导发情。母猪一般在分娩后 28 天左右断奶，断奶后 7 天左右即可表现发情。断奶的同时肌注 PMSG，效果更好。

（3）催情补饲。在配种前第 14 天开始增加营养，饲喂量增加 40%～50%，达到日喂饲料量 3.8～4.0 千克，在短期内改善膘情，提高繁殖效果。催情补饲可增加排卵量，每窝产仔数可增加 2 头。

（4）初乳诱导。原理同牛、羊。

二、同期发情

（一）同期发情的概念与意义

1.同期发情的概念

利用某些激素等使一群母畜在同一时间内集中发情、排卵的技术称为同期发情，也叫发情同期化。同期发情是表面现象，而同期排卵则是同期发情的内在表现和本质。在畜牧生产中，诱导一批母畜在同一周或数天内同时发情，也可称为同期发情。在胚胎移植过程中，使用冷冻精液配种和新鲜精液胚胎移植时，一般要求发情差异时间不超过 1 天。因此，必须严格控制同期发情的效果和准确性。

2.同期发情的意义

（1）提高劳动生产效率，增加经济效益。利用同期发情技术，可以实现同期配种、妊娠、分娩、育肥、出栏，从而有利于管理，便于组织大规模生产。同时，使仔畜出生时间接近，初生重接近，家畜以后的生长发育也较快，为家畜规模化生产提供了有力的保障，有利于降低生产成本，节省劳动力，增加养殖场的经济效益。

（2）有利于推广人工授精技术。常规的人工授精需要对每头母畜进行发情鉴定，对于群体规模较大的规模化养殖场来说费时费力，不利于推广。而利用同期发情技术结合定时输精技术，就可以省去发情鉴定这一中间步骤，减少因暗发情造成的误配，提高畜牧生产效率。

（3）提高低繁殖率畜群的繁殖率。对于低繁殖率的畜群，如我国南方地区的水牛、黄牛，其繁殖率一般低于50%，这些畜群中的部分个体因饲养水平低、使役过度等原因往往在分娩后一段时间内不能恢复正常的发情周期，因而对其进行诱导同期发情、配种、受孕，可以提高繁殖率。

（4）同期发情是胚胎移植技术的基础。采用新鲜胚胎移植时，一个供体可以获得十多枚胚胎，这就需要一定数量与供体母畜同期发情的受体母畜。此外，有时胚胎的生产和移植不在同一个地点进行，也需要异地受体与供体发情同期化，从而保证胚胎移植的成功进行。

（二）同期发情的机理

在母畜的一个发情周期中，根据卵巢的机能和形态变化可分为卵泡期和黄体期两个阶段。卵泡期是在周期性黄体退化继而血液中孕酮水平显著下降后，卵巢中卵泡迅速生长发育，最后成熟并导致排卵的时期；卵泡期之后，卵泡破裂并发育成黄体，随即进入黄体期。黄体期内，在黄体分泌的孕激素的作用下，卵泡发育受到抑制，母畜不表现发情，在未受精的情况下，黄体即行退化，随后进入另一个卵泡期。相对高的孕激素水平可抑制卵泡发育和发情，由此可见，黄体期的结束是卵泡期到来的前提条件。因此，控制母畜黄体期的消长，是控制母畜同期发情的关键。人工延长黄体期或缩短黄体期是目前进行同期发情所采用的两种技术途径。

1.延长黄体期的同期发情方法

对一个群体中的母畜同时施用孕激素处理，处理期间母畜卵巢上的周期性黄体退化。由于外源激素的作用，卵泡发育受到抑制而不能成熟。如果外源孕激素处理的时间过长，则处理期间所有母畜的黄体都会消退并且无卵泡发育至成熟。所有母畜同时解除孕激素的抑制，则可在同一时期发情。

2.缩短黄体期的同期发情方法

消除母畜卵巢上黄体最有效的方法是利用前列腺素及其类似物

（PGs）。母畜用PGs处理后，黄体消退，卵泡发育成熟，从而发情。

各种家畜对PG的敏感程度不一样，羊的黄体必须在上次排卵后第4天才能对PG敏感，牛的黄体必须在上次排卵后第5天才能对PG敏感，猪的黄体必须在上次排卵后第10天以上才对PG敏感。故一次PG处理后，绵羊、山羊、牛、猪的理论发情率分别为13/17、13/21、16/21、11/21。

使用PG两次处理法，可以克服一次处理中有部分母畜不能同期发情的不足，通常在第一次处理后9～12天再做第二次处理，用于牛和羊的同期发情，可以获得较高的同期发情率和配种受胎率。

（三）同期发情所用激素

1.抑制卵泡发育的激素

抑制卵泡发育的激素有孕酮、甲羟孕酮、氟孕酮、氯地孕酮、甲地孕酮及18—甲基炔诺酮等。这类药物的用药期可分为长期（14～21天）和短期（8～12天）两种，一般不超过一个正常发情周期。

2.溶解黄体的激素

前列腺素$F_{2\alpha}$（$PGF_{2\alpha}$）及其类似物（如氯前列烯醇）均具有显著的溶解黄体作用，在用于同期发情处理时，只对处在黄体期的母畜有效。

3.促进卵泡发育、排卵的激素

在使用同期发情药物的同时，如果配合使用促性腺激素，则可以增强发情同期化和提高发情率，并促使卵泡更好地成熟和排卵。这类药物常用的有PMSG、HCG、FSH、LH、GnRH和氯地酚等。

（四）各种家畜的同期发情与定时输精

同期发情的原理在各种家畜中都是通用的，但是不同畜种间、不同生理阶段使用不同激素处理所要求的剂量不尽相同，因此应根据具体情况加以分析。

1.牛的同期发情

（1）孕激素阴道栓。使用PRID或CIDR放置阴道栓，9～12天后撤栓。大多数母畜在撤栓后第 2～4 天内发情，可以在撤栓后第 56 小时定时输精；也可以在撤栓后第 2～4 天内加强发情观察，对发情者进行适时输精，提高受胎率。利用兽医 B 超，实时检测卵泡发育，当有大卵泡发育时，肌注 GnRH，2 小时后人工授精。

（2）PG 处理法。

①PG 一次处理法。肌内注射 6 毫克的 $PGF_{2\alpha}$，大多数在处理后第 2～5 天内发情，然后进行发情鉴定，适时输精。

②PG 二次处理—定时输精法。由于一次处理后，仅有 70% 左右的母牛有反应，因此可以在第一次处理后间隔 7 天再用同样的剂量处理一次，80～82 小时后定时输精，可获得 54% 的情期受胎率。

（3）孕激素—PG 法。先用孕激素通过阴道栓处理 7 天，处理结束时注射 PG，母牛一般可在处理结束后 2～3 天内发情并排卵。其理论依据是经过孕激素处理 7 天后，处理排卵后 5 天内的母牛其黄体已经至少发展了 5 天，这时对 PG 已经敏感，此时再用 PG 处理后可以获得较高的发情率和受胎率。

（4）$PRID-PG_{2\alpha}-PMSG$ 法。第 1 天用 PRID 处理，第 4 天注射 25 毫克 $PGF_{2\alpha}$，第 6 天撤除阴道栓，撤栓的同时肌内注射 500IU 的 PMSG，撤栓后 56 小时定时输精。

（5）$PRID-PGF_{2\alpha}-Gnr$ 小时法。第 1 天用 PRID 处理，同时注射 100 微克 GnRH；第 7 天撤除阴道栓，撤栓的同时注射 500 微克 $PGF_{2\alpha}$；第 9 天注射 100 微克 gnRH，16～24 小时后定时输精。

（6）$CIDR-E_2-PGF_{2\alpha}$ 法。为了防止 CIDR 处理时间缩短而造成受胎率和同期发情率降低，在 $CIDR-E_2$ 处理 7 天后，用 $PGF_{2\alpha}$ 处理以确保黄体退化，提高发情效果，并在撤除 CIDR 后次日，再注射少量的雌激素（E_2），以通过下丘脑—垂体的反馈调节，促使垂体释放 LH，诱发排卵，从而实现 24 小时后定时输精。

（7）GnRH-PG-GnRH 定时输精法。该法又叫 Ovsync 小时（OVS）。在第 0 天注射 100 微克 GnRH，第 7 天注射 25 微克 $PGF_{2\alpha}$，第 9 天注射同样剂量的 GnRH，然后 16～18 小时后定时输精，受胎率可达 50% 左右。

2.羊的同期发情

羊同期发情与牛相似，常用的方案如下。

（1）孕激素—PMSG 法。先用阴道栓 CIDR 处理 12～14 天，然后撤栓，同时注射 PMSG 500～800IU，母羊一般在处理后 2～3 天内发情并排卵。

（2）孕激素 $PGF_{2\alpha}$ 法。先用阴道栓 CIDR 处理 12 天，然后注射 0.1 毫克 $PGF_{2\alpha}$，第 13 天撤栓。撤栓后 36 小时内的同期发情率可达 90% 以上。

（3）PG 处理法。利用 PG 处理与牛相似，但剂量为牛的 1/4～1/3，并且只能在发情季节使用，在发情周期第 4～16 天有效。PG 处理后，母羊一般在 4 天内发情，在观察到发情后 12 小时配种或输精。

3.猪的同期发情

因为猪的生理特点的特殊性，与牛和羊的同期发情处理方法不同，若采用相同的方法，易引起卵巢囊肿，导致发情率和受胎率下降。在生产实践中，哺乳母猪一般采用同期断奶的方法诱导同期发情，一般在断奶后 3～9 天内发情。断奶时配合注射 750～1000 IU PMSG，可提高同期发情效果。

（五）影响同期发情效果的因素

1.母畜生殖生理状况

母畜的年龄、体质、膘情、生殖系统健康状况都会影响同期发情的效果。如对于青年母水牛，无论是用孕激素还是 PG 法处理，效果都很差。可能的原因是青年母水牛的卵巢幼稚型比例较高，对处理反应低。

2.激素的质量

保证激素类药物的质量是提高同期发情效果的关键。进口孕激素往往价格昂贵，难以推广使用；国内 PGs 可能在不同批次之间存在质量不稳定的情况。因此，应加强激素效果的检测。处理时，最好选择同一厂家同一批次的产品。

3.操作人员的素质

在进行同期发情给药时，往往由于时间紧、工作量大、人员少、大家畜不易保定等原因，极容易造成药物遗漏、流失，而又没有及时补给，以至于部分畜群因为药量不够而没有发情或发情不好，从而影响整个畜群同期发情率，影响同期发情效果，给生产实践造成损失。

4. 精液质量与发情鉴定及人工授精技术水平

精液质量是影响受胎率的重要因素之一。我国规定的公牛冷冻精液的活率标准是 0.4，水牛是 0.3。但在生产实践中一些精液生产单位不能达到此标准，因此，建议选用知名的国家级种公牛站的冻精。输精人员的素质和水平也会影响人工授精的质量，尤其是同期发情后的输精，往往多头母畜同期发情、输精，输精人员体力不支，会影响人工授精的准确性和效果。

5. 配种后的饲养管理

人工授精后的一段时间内，应提供优质的饲料，提高营养水平，特别是与繁殖有关的营养物质，如维生素 E、维生素 A、维生素 D_3 以及亚硒酸钠等，以免发生胚胎的早期死亡和流产。特别要注意不应喂食霉变的饲料或使役，以免造成流产。

三、超数排卵

（一）超数排卵概念

在母畜发情周期的适当时间，注射外源促性腺激素，使卵巢比自然发情时有更多的卵泡发育并排卵，这种方法称为超数排卵，简称超排。超数排卵技术既是重要的发情调控技术，又是胚胎移植的重要组成部分，其目的是获得更多的胚胎。诱使单胎家畜产双胎也是超数排卵的目的之一。

（二）超数排卵原理

其原理是通过在母畜发情周期的适当时间，注射 FSH、LH、HCG 等激素，使卵巢比自然发情时有更多的卵泡发育并排卵。母畜卵巢上约有 99% 的有腔卵泡发生闭锁而退化，只有 1% 能发育成熟而排卵。在排卵之前再注射 LH 或 HCG 补充内源性 LH 的不足，可保证多数卵泡成熟、排卵。

（三）超数排卵方法

主要利用缩短黄体期的前列腺素或延长黄体期的孕酮，结合促性腺激素进行家畜的超数排卵。

1.母牛的超排

（1）FSH + PG 法。在发情周期（发情当天为 0 天）的第 9～13 天中的任意一天开始肌内注射 FSH。可选用国产纯化 FSH7～10 毫克，其他厂家 FSH320～400 国际单位，连续 4 天分 8 次（每天 2 次，间隔 12 小时）用减量法或等量法肌内注射。通常在注射后第 3 天早、晚各肌内注射一次前列腺素（氯前列烯醇剂量为每次 0.4 毫克），也可仅注射一次前列腺素。约 48 小时后供体母牛发情，按常规输精对超排供体牛输精 2～3 次，每次间隔 12 小时，仅 1 次输精在发情静止后 18～24 小时。

（2）PMSG 超排法。在发情周期的第 11～13 天中的任意一天开始肌内注射 1 次 PMSG 即可，总量为 2000～3000 国际单位或按千克体重 5 国际单位左右确定 PMSG 总剂量。在 PMSG 后 48 小时及 60 小时，分别肌内注射 $PGF_{2\alpha}$ 1 次，剂量为每次 0.4 毫克。

（3）CIDR + FSH + PG 法。在供体母牛阴道内放入第 1 个 CIDR，10天后取出，同时放入第 2 个 CIDR，5 天后开始注射 FSH。或给供体放入第 1 个 CIDR 后 9～10 天开始注射 FSH，连续递减剂量注射 4 天（8 次），在第 7 次注射 FSH 时取出 CIDR，同时注射 PG，一般在取出 CIDR 后 24～48 小时发情。

2.母羊的超排

（1）FSH 减量注射法。供体母羊在发情后第 12～13 天开始肌内注射FSH，每天早、晚各一次，间隔 12 小时，分 3 天减量注射。使用国产总剂量为 200～300 国际单位。供体羊一般在开始注射后第 4 天表现发情，发情后静脉注射（或肌注）LH75～100 国际单位，或促性腺激素释放激素类似物 25～50 微克。

（2）PMSG 法。在发情周期第 11～13 天，一次肌注 PMSG1000～2000国际单位，发情后 18～24 小时肌注等量的抗 PMSG 或配种当天肌注HCG500～750 国际单位；也可用 PMSG 与 FSH 结合用药进行超排处理。

（3）FSH + PG法。在发情周期第 12 天或第 13 天开始肌注（或皮下注射）FSH，以递减量连续注射 3 天（6 次），每次间隔 12 小时，第 5 次注射 FSH 的同时肌注 PG。FSH 总剂量国产为 150～300 国际单位，FSH 注射结束后上、下午进行试情。超排处理母羊发情后立即静脉注射 LH100～150 国际单位。有时用 60 微克 LRH 代替 LH，也可获得同样的效果。山羊的超排用 FSH 处理可在发情周期的第 17 天开始，FSH 剂量为 150～250 国际单位。用 PMSG 超排可在发情周期的第 16～18 天开始，剂量为 750～1500 国际单位。

（4）CIDR + FSH + PG法。在供体母羊发情周期的任意一天，在其阴道内放入第 1 个 CIDR，第 10 天取出，并放入第 2 个 CIDR。于放入第 2 个 CIDR 第 5 天开始，连续 4 天注射 FSH（每天 2 次），并丁放入第 2 个 CIDR 第 8 天取出 CIDR，同时注射 PG0.1 毫克。

3. 母兔的超排

（1）FSH 减量注射法。供体母兔皮下注射 FSH3 天（6 次），每次 10～12 国际单位。在开始处理后第 4 天上午，静脉注射 HCG 或 LH，并进行输精。如用国产纯化 FSH，其注射总量为 0.76 毫克，依次为 0.18 毫克 ×2、0.12 毫克 ×2、0.08 毫克 ×2。

（2）PMSG 一次注射法。一次注射 PMSG 50～60 国际单位，在处理后第 4 天上午输精，并结合静脉注射 HCG 或 LH。

（3）PMSG 结合 FSH 一次注射法。在注射 PMSG 的同时，皮下注射 FSH 10～12 国际单位，以提高 PMSG 的超排效果。

4. 母猪的超排

猪是多胎动物，其超排的意义远没有单胎动物大。但随着高新繁殖技术如显微注射转基因、细胞核移植等在养猪科研和生产中的应用，猪超数排卵处理技术受到了一定程度的重视。目前，母猪超排所用的激素主要是 PMSG，有 3 种给药方式：（1）只肌注 PMSG；（2）肌注 PMSG（500～2000 国际单位）后 72～96 小时再肌注 HCG（500～750 国际单位）；（3）同时肌注 PMSG 和 HCG。

第三节 诱导分娩

诱导分娩亦称引产，是在认识分娩机理的基础上，利用外源激素模拟发动分娩的激素变化，调整分娩进程，促使其提前到来，产出正常的仔畜。这是人为控制分娩过程和时间的一项繁殖新技术。

一、诱导分娩的意义

1.控制分娩时间

目前，根据配种日期和临产表现，很难准确预测孕畜分娩发动的准确时间。采用诱导分娩技术可以使绝大多数分娩发生在预定的日期和工作上班时间。这样既避免了在预产期前后日夜观察、护理，以节省人力；同时，又便于对临产孕畜和新生仔畜进行集中和分批护理，以减少甚至避免伤亡事故，从而提高仔畜成活率；而且，还能合理安排产房，在各批孕畜分娩之前能对产房进行彻底消毒，以保证产房的清洁卫生，降低孕畜和新生仔畜感染病毒和细菌的可能性。

2.控制分娩群

在实行同期发情配种制度的情况下，孕畜群体分娩也趋向同期化，有利于对孕畜群体诱发同期分娩。同期分娩有利于建立工厂化畜牧生产模式，有利于同期断奶和下一个繁殖周期进行同期发情配种。同时，也有利于分娩孕畜间新生仔畜的调换并窝和寄养。例如，在窝产仔数太多和太少之间，可以进行仔畜并窝或为孤儿仔畜寻找代养母畜等。同期分娩还可使放牧羊群泌乳高峰期与牧草的生长旺季相一致。

3.终止妊娠

当发生胎水过多、胎儿死亡以及胎儿干尸化等情况时，应及时终止妊娠。当妊娠母畜受伤、产道异常或患有不宜继续妊娠的疾病（如骨盆狭窄或畸形、腹部疝气或水肿、关节炎、阴道炎、妊娠毒血症、骨软症等）

时，可通过终止妊娠来缓解孕畜的病情，或通过诱导分娩在屠宰孕畜之前获得可以成活的仔畜。

当母畜不到配种年龄偷配或因工作疏忽而使母畜被劣种公畜或近亲公畜交配时，可通过人工流产使母畜尽早排出不需要的胎儿。由于马怀双胎后，在绝大多数情况下得不到能够独立成活的后代，所以一旦发现这种情况，应当立即终止其妊娠。

终止妊娠进行得越早越容易，对母畜繁殖年龄的影响越小，流产后母畜子宫的恢复就越快。考虑到终止妊娠不易实现，也易出问题，而且术后母畜需要照料，应尽量避免在妊娠中后期终止妊娠。

4. 控制顺产

孕畜体内的胎儿在妊娠末期生长发育迅速，若有孕畜骨盆发育不充分或妊娠期延长，诱导分娩则可以减轻新生仔畜的初生重，降低因胎儿过大而造成难产的可能性。

二、诱导分娩的适用范围

一般正常分娩的孕畜，没有必要在足月前采取这种繁殖技术。诱导分娩可作为特殊情况下应用的技术，而作为普及性技术在生产中广泛应用是否可取，还要看其发展情况。总体来说，诱导分娩可在下列情况下使用。

1. 避免难产

母畜个体小，胎儿生长快，以免足月时发生难产；或在妊娠晚期孕畜因病或受伤不能负担胎儿时。

2. 挽救胎儿生命

孕畜不得已而屠宰之前，为拯救产出活胎儿；或经诊断患有胎液过多症，而胎儿生长正常时。

3. 满足某种特殊畜牧生产需要

专为取得花纹更美观的羔羊裘皮，提早在10天以内诱导分娩，湖羊即有过试验，但尚有争论；或为研究胎儿后期生长而采集标本，避免杀母取胎。

4.方便助产

畜群较大，要求在白天分娩，便于助产，减少死亡率；临产时母畜阵缩微弱，防止胎儿不产出造成其死亡；防止孕畜超过预产期，分娩延时。

三、诱导分娩机理

诱导分娩是在认识分娩发动机理的基础上，通过直接补充外源激素或其他方法模拟孕畜分娩发动的激素变化，终止妊娠或提前启动分娩，从而达到人工流产或诱导分娩的目的。目前，诱导分娩主要采用外源激素法，常用的外源激素有前列腺素（$PGF_{2\alpha}$）或类似物、ACTH、雌激素、催产素等。$PGF_{2\alpha}$能有效地收缩平滑肌并溶解黄体，具有安全、方便、有效的特点。使用 ACTH 进行诱导分娩时应注意孕畜所处的妊娠阶段，过早或过晚都不能引起胎儿的肾上腺皮质应答，达不到诱导分娩的目的；为避免增加难产发生的机会，雌二醇一般与 ACTH 配合使用，而不单独或大量使用；对于牛和羊，由于其子宫颈很发达，一般不单独使用 OXT 进行诱导分娩，以避免造成子宫破裂。

四、各种母畜诱导分娩方法

目前，诱导分娩使用的激素有皮质激素或其合成制剂、前列腺素 $PGF_{2\alpha}$ 及其类似物、雌激素、催产素等多种。

（一）牛的诱导分娩

诱导牛分娩使用的药物主要有糖皮质激素、前列腺素，也可配合使用雌激素、催产素等。糖皮质激素类药物包括地塞米松、氟米松和倍他米松。

1.糖皮质激素法

糖皮质类激素有长效和短效两种。长效型糖皮质激素可在预计分娩前 1 个月左右注射，用药后 2～3 周激发分娩，该法能促进未成熟胎衣与子宫内膜分离，有利于母牛产后胎衣的排出，但所生犊牛死亡率高；在母牛妊娠 265～270 天，可使用短效型糖皮质激素。如一次性肌注地塞米松 20～3 毫克或氟米松 5～10 毫克，能诱导母牛在 2～4 天内产犊，但常伴有胎衣不下、产奶量降低等现象。

2. 氯前列烯醇法

在母牛妊娠 200 天内，体内孕酮的主要来源为黄体。若在此阶段注射前列腺素 5 ～ 30 毫克或氯前列烯醇 0.5 毫克，母牛很快发生流产。特别是在妊娠 65 ～ 95 天时，由于绒毛膜与子宫内膜之间的组织联系不够紧密，此时更容易流产成功。在母牛妊娠 150 ～ 250 天，母牛对 $PGF_{2\alpha}$ 相对不敏感，应用此方法不一定能成功。以后，随着分娩期的临近，母牛对 $PGF_{2\alpha}$ 的敏感性逐渐增加。到 275 天时采用此法，注射后 2 天，母牛即可分娩。

3. 多激素配合使用法

在母牛妊娠 265 ～ 270 天，先使用长效型糖皮质激素可使大部分母畜分娩，对尚未分娩者再使用短效型糖皮质激素，可得到理想的引产效果；或对妊娠后期母牛利用地塞米松磷酸钠 50 ～ 70 毫克静脉注射，配合 50 ～ 100 国际单位（IU，international unit）肌内注射催产素。此方法使用 1 天或者 1 天内上、下午各使用一次后，24 ～ 48 小时内胎儿可排出。

需要说明的是，使用糖皮质类激素诱导分娩的副作用较大，如新生犊牛死亡和胎衣停滞等问题。而单独使用前列腺素出现难产情况较多。使用催产素诱导母牛分娩，效果也很不理想，只有当母牛体内催产素的受体发育起来后，用催产素才有效，而且只有子宫颈变松软之后才安全。诱导母牛分娩对肉牛生产意义较大，可调节产犊季节，让犊牛充分利用草场提高生产效益。但诱导分娩若缩短正常妊娠期一周以上，则犊牛成活率降低。因此，防止犊牛死亡与胎衣停滞，仍是解决诱导分娩技术应用的关键技术。

（二）猪的诱导分娩

1. 糖皮质激素单独使用

猪要妊娠到 110 天才能对糖皮质激素敏感并发生反应，而且只能采用较大剂量连续注射才能成功诱导分娩。对于妊娠 109 ～ 110 天的母猪，连续 3 天注射地塞米松，每天注射 75 毫克；妊娠 110 ～ 111 天的母猪，连续 2 天注射地塞米松，每天注射 100 毫克；妊娠 112 天的母猪，一次性注射地塞米松 200 毫克即可。

2. 前列腺素及其类似物单独使用

母猪注射前列腺素（PGF$_{2\alpha}$）后能引起血中孕酮浓度立即下降，导致黄体溶解。研究表明，在母猪妊娠 108 ～ 113 天注射氯前列烯醇效果最好，而在预产期前 2 ～ 3 天处理效果不佳。通常，一次性给母猪注射 510 毫克 PGF$_{2\alpha}$，母猪在处理后 24 ～ 28 小时开始产仔。

3. 前列腺素与催产素配合使用

催产素常用来辅助子宫收缩滞缓的患猪进行分娩，并能缩短 PGF$_{2\alpha}$ 处理到产仔的间隔时间，使产仔更加集中。通常在处理后 20 ～ 24 小时注射催产素。

4. 前列腺素与雌二醇配合使用

在母猪妊娠第 112 天时注射 3 毫克 17β — 雌二醇，113 天时注射 PGF$_{2\alpha}$，则有 38% 的母猪在妊娠第 114 天的 8：00 之前产仔。

（三）羊的诱导分娩

1. 糖皮质激素或前列腺素单独使用

在母羊妊娠 141 天时，注射 12 ～ 16 毫克地塞米松，大部分母羊在 3 ～ 4 天内产羔。或母羊妊娠 141 ～ 144 天时，肌内注射 PGF$_{2\alpha}$ 15 毫克或氯前列烯醇 0.1 ～ 0.2 毫克，可有效诱导母羊在处理后 3 ～ 5 天产羔。

2. 催产素与雌激素配合使用

在山羊妊娠 130 ～ 140 天时，注射苯甲酸雌二醇 8 毫克和催产素 40U，苯甲酸雌二醇总量分两次注射，两次间隔 5 小时，再间隔 10 ～ 12 小时注射催产素一次。若 8 小时内母羊未产，再补注一次。

（四）兔的诱导分娩

1. 糖皮质激素法

在母兔妊娠 30 天时，肌注地塞米松 2 ～ 3 毫克，绝大部分母兔可在 12 小时内分娩。对于没有按时分娩的母兔，可再注射一次地塞米松。

2. 催产素法

在母兔妊娠 30 天时，注射催产素 2 ～ 5IU，通常在几小时内便可以引起分娩。若配合使用少量的苯甲酸雌二醇，效果更好。

3.前列腺素及其类似物法

在临近分娩时，肌内注射氯前列烯醇 10～15 微克，可使母兔在 3 小时后分娩。若配合使用少量催产素，效果更好。

4.拔毛吸乳法

在母兔妊娠 30 天时，拔掉母兔乳头周围的被毛，并选择产后 5～8 天的仔兔 5～6 只吮吸母兔乳汁 3～5 分钟，然后用手轻轻按摩母兔腹部 0.5～1 分钟。此法较正常分娩活仔率有所提高。

参考文献

陈飞，唐式校 .2018. 东海县畜禽繁育改良探讨 [J]. 现代畜牧科技（7）：67.

陈历俊 .2014. 贵州省盘县畜禽良种繁育体系建设 [J]. 农业工程（2）：106-107，109.

丁兆忠，吴忠良，等 .2013. 畜禽繁育技术课程改革的探索 [J]. 黑龙江畜牧兽医（10）：44-46.

谷子林 .2010. 畜禽繁育新技术 [M]. 石家庄：河北科学技术出版社 .

郭颖媛 .2015. 浅谈牡丹区畜禽良种繁育推广基地建设 [J]. 山东畜牧兽医，36（7）：80-81.

海鹏 .2013. 阜新市种畜禽产业异军突起 [J]. 新农业（5）：43.

胡成波，袁安生 .2014. 丹东市畜禽良种繁育现状与对策建议 [J]. 新农业（17）：4-6.

胡小平 .2005. 加快良种繁育体系建设的建议 [J]. 中国牧业通讯（11）：15-16.

季柯辛 .2017. 中国生猪良种繁育体系组织模式研究 [D]. 北京：中国农业大学 .

孔祥国 .2016. 浅谈畜禽新品种推广服务的对策 [J]. 中国畜禽种业（1）：41-42.

李彬，魏晓云 .2017. 甘肃畜禽种业发展现状与对策 [J]. 甘肃畜牧兽医，47（9）：21-23.

李冬梅 .2013. 畜禽良种繁育及杂交改良体系建设的思考 [J]. 养殖技术顾问（9）：259.

李冉 .2014. 国外畜禽良种繁育发展及经验借鉴 [J]. 世界农业（3）：30-33，37.

李迎春 .2019. 肉牛繁育存在的问题和解决对策 [J]. 现代畜牧科技（9）：
　　63-64.

廖权茂 .2019. 阳朔县优势小牛繁育技术初探 [J]. 中国畜禽种业（2）：58-59.

刘庆朋 .2017. 雷琼黄牛种质资源保护及繁育技术浅析 [J]. 畜禽业，28（12）：
　　13-14.

刘姝芳 .2012. 畜禽养殖业类固醇雌激素排放及其污染风险 [D]. 郑州：华北
　　水利水电学院 .

刘铮铸，王荣国 .2009. 畜禽繁殖与改良 [M]. 石家庄：河北科学技术出
　　版社 .

吕晓东 .2018. 解决畜禽育种常见问题的方法 [J]. 畜牧兽医科技信息（7）：
　　12-13.

秦海平 .2018. 浅谈畜禽养殖粪污处理与资源化利用 [J]. 中国畜牧兽医文摘
　　34（1）：12.

全灵 .2014. 伊犁州畜禽良种繁育体系建设现状及几点思考 [J]. 新疆畜牧业
　　（3）：16-19.

石圭平 .2006. 内蒙古牛羊生物繁育技术国内领先 [J]. 中国畜禽种业（3）：
　　18.

宋嘉 .2019. 陈仓区畜禽养殖环境污染整治研究 [D]. 西安：西北农林科技
　　大学 .

王怀禹 .2015. 畜禽繁殖与改良技术 [M]. 成都：西南交通大学出版社 .

王琳 .2006. 加快畜禽良种繁育体系建设促进畜牧业发展 [J]. 山西农经（2）：
　　58-61.

王少华 .2017. 畜禽养殖技术研究 [J]. 乡村科技（27）：72-73.

魏有芳 .2016. 畜禽规模化养殖存在的问题及改进建议 [J]. 当代畜禽养殖业
　　（6）：45-46.

肖嵩杨，王吴燕 .2018. 四川白兔繁育技术规程 [J]. 畜禽业，29（3）：25-26.

晓华 .2009. 家庭繁育如何选择种猪 [J]. 当代畜禽养殖业（3）：46.

薛秀忠 .2019. 种畜禽在提高养殖效益中的重要作用 [J]. 中国畜禽种业，15
　　（1）：20.

杨邦钊 .2001. 福建省畜禽良种繁育体系建设回顾与探讨 [J]. 中国禽业导刊
　　（3）：12-13.

杨建标 .2013. 畜禽良种繁育技术 [N]. 云南科技报（003）.

杨青山 .2010 推进畜禽标准化养殖的对策初探 [J]. 四川畜牧兽医，37（10）：14，16.

曾仰双，杨庆红 .2008. 四川省畜禽繁育体系现状与思考 [J]. 四川畜牧兽医（10）：10，12.

张存根 .2006. 畜禽良种繁育体系建设之我见 [J]. 中国畜牧杂志（18）：9-11.

张凤莲 .2016. 对新源县畜禽良种繁育体系建设的思考 [J]. 新疆畜牧业（2）：21-22.

张启燕 .2013. 北京市建成五大畜禽良种繁育体系 [J]. 当代畜禽养殖业（11）：24.

周林 .2004. 山东畜牧业发展战略研究 [D]. 泰安：山东农业大学 .

朱树琼 .2009. 对改进畜禽良种繁育体系的探讨 [J]. 中国畜禽种业，5（11）：17-18.